机器人的智能化方向与实际应用

吉林出版集团股份有限公司
全国百佳图书出版单位

图书在版编目（CIP）数据

机器人的智能化方向与实际应用研究 / 祁若龙著. --
长春 : 吉林出版集团股份有限公司, 2021.12
ISBN 978-7-5731-0873-9

Ⅰ. ①机… Ⅱ. ①祁… Ⅲ. ①智能机器人—研究
Ⅳ. ①TP242.6

中国版本图书馆CIP数据核字(2021)第244874号

JIQIREN DE ZHINENG HUA FANGXIANG YU SHIJI YINGYONG YANJIU
机器人的智能化方向与实际应用研究

著　　者: 祁若龙
责任编辑: 郭玉婷
封面设计: 雅硕图文
版式设计: 雅硕图文
出　　版: 吉林出版集团股份有限公司
发　　行: 吉林出版集团青少年书刊发行有限公司
地　　址: 吉林省长春市福祉大路5788号
邮政编码: 130118
电　　话: 0431-81629794
印　　刷: 晟德（天津）印刷有限公司
版　　次: 2022年 6月第1版
印　　次: 2022年 6月第1次印刷
开　　本: 710 mm × 1000 mm　　1/16
印　　张: 11.5
字　　数: 150千字
书　　号: ISBN 978-7-5731-0873-9
定　　价: 78.00元

目　录

第一章　机器人学概论

第一节　机器人的过去、现在和未来

一、早期机器人的发展

机器人的起源要追溯到三千多年前。“机器人”是存在于多种语言和文字中的新造词，它体现了人类长期以来的一种愿望，即创造出一种像人一样的机器，以便能够代替人去进行各种工作。直到四十多年前，“机器人”才作为专业术语加以引用，但是机器人的概念在人类的想象中已存在三千多年了。早在我国西周时代（公元前1046年—公元前771年），就流传着有关巧匠偃师献给周穆王一个艺妓（歌舞机器人）的故事。春秋时代（公元前770年—公元前476年）后期，鲁班利用竹子和木料制造出一个木鸟，它能在空中飞行，“三日不下”，这件事在我国古书《墨经》中有所记载，这个木鸟可以称得上是世界上第一个空中机器人。东汉时期（公元25年—公元220年），科学家张衡发明了测量路程用的“记里鼓车”，车上装有木人、鼓和钟，每走一里，击鼓一次，每走十里，击钟一次，奇妙无比。

在国外，也有一些国家较早进行机器人的研制。公元前2世纪，古希腊人发明了一个机器人，它是用水、空气和蒸汽压力作为动力，能够做动作，自己会开门，可以借助蒸汽唱歌。1662年，日本人竹田近江，利用钟表技术发明了能进行表演的自动机器玩偶；到了18世纪，日本人若井源大卫门和源信，对该玩偶进行了改进，制造出了端茶玩偶，该玩偶双手端着茶盘，当将茶杯放到茶盘上后，它就会走到客人面前将茶送上，客人取茶杯时，它会自动停止走动，待客人喝完茶将茶杯放回茶盘之后，它就会转回原来的地方。瑞士钟表名匠德罗斯父子三人于公元1768~1774年期间，设计制造出了三个像真人一样大小的机器人——写字偶人、绘图偶人和弹风琴偶人。它们是由凸轮控制和弹簧驱动的自动机器，至今还作为国宝保存在瑞士纳切特尔市艺术和历史博物馆内。同时，还有德国梅林制造的巨型泥塑偶人“巨龙哥雷姆”；日本物理学家细川半藏设计的各种自动机械图形；法国杰夸特公司设计的机械式可编程织造机等。这些机器人工艺珍品，标志着人类在机器人从梦想到现实这一漫长道路上的不断尝试与进步。

二、近代机器人的发展

近代机器人通常分为三代。第一代是可编程机器人，属于示教再现型。这类机器人一般可以根据操作员所编的程序，完成一些简单的重复性操作。这一代机器人从20世纪60年代后半期开始投入使用，目前在工业界得到了广泛应用。第二代是感知机器人，即自适应机器人，它是在第一代机器人的基础上发展起来的，具有不同程度的“感知”能力。这类机器人在工业界也已经应用。第三代机器人具有识别、推理、规划和学习等智能机制，它可以把感知和行动智能化结合起来，因此能在非特定的环境下作业，故称为智能机器人。目前，这类机器人处于快速发展阶段。

近代机器人最早出现在工业领域。工业机器人的最早研究可追溯到第二次世界大战后。在20世纪40年代后期，美国橡树岭和阿尔贡国家实验室（Argonne National Laboratory，简称ANL）已经开始研制遥控式机械手，用于搬运放射性材料。这些系统是“主从”型的，用于准确地“模仿”操作员手和胳膊的动作。主机械手由使用者进行导引做一连串动作，而从机械手尽可能准确地模仿主机械手的动作，后来用机械耦合主从机械手的动作加入力的反馈，使操作员能够感觉到从机械手及其环境之间产生的力。20世纪50年代中期，机械手中的机械耦合被液压装置所取代，如美国通用电气公司（General Electric Company）的“巧手人”机器人和通用制造厂的“怪物”I型机器人。1954年美国人乔治· 德沃尔（G.C.Devol）提出了“通用重复操作机器人”的方案，并在1961年获得了专利。

1958年，被誉为“工业机器人之父”的约瑟夫·恩格尔伯格（Joseph F.Engelberger）创建了世界上第一个机器人公司——Unimation公司（美国万能自动化公司），并参与设计了第一台机器人——Unimate。这是一台用于压铸的五轴液压驱动机器人，手臂的控制由一台计算机完成。它采用了分离式固体数控元件，并装有存储信息的磁鼓，能够记忆完成180个工作步骤。与此同时，一家德国公司——AMF公司也开始研制工业机器人，即Versatran（versatile transfer）机器人。它主要用于机器之间的物料运输，采用液压驱动。该机器人的手臂可以绕底座回转，沿垂直方向升降，也可以沿半径方向伸缩。一般认为Unimate和Versatran机器人是世界上最早的工业机器人。

可以说，20世纪60~70年代是机器人发展最快、最好的时期，这期间的各项研究发明有效地推动了机器人技术的发展和推广。

1979年Unimation公司推出了PUMA系列工业机器人，它是全电动驱动、关节式结构、多CPU二级微机控制、采用VAL专用语言，可配置视觉、触觉的力觉感受器，技术较为先进的机器人。同年日本山梨学院大学（University of Yamanashi）的牧野洋研制成功具有平面关节的SCARA型机器人。整个20世纪70年代，出现了更多的机器人产品，并在工业生产中逐步推广应用。随着计算机科学技术、控制技术和人工智能的发展，机器人的研究开发无论是水平还是规模都得到了迅速发展。据国外统计，到1980年全世界约有2万余台机器人在工业中应用。

在过去30~50年间，机器人学和机器人技术获得引人注目的发展，具体体现在：

（1）机器人产业在全世界迅速发展；

（2）机器人的应用范围遍及工业、科技和国防的各个领域；

（3）形成了新的学科——机器人学；

（4）机器人向智能化方向发展；

（5）服务机器人成为机器人的新秀而且迅猛发展。

我国在机器人研究方面相对西方国家来说起步较晚。

我国是从20世纪80年代开始涉足机器人领域的研究和应用的。1986年，我国开展了“七五”机器人攻关计划，1987年，我国的“863”高技术计划将机器人方面的研究开发列入其中。目前我国从事机器人研究和应用开发的主要是高校及有关科研院所等。最初，我国在机器人技术方面研究的主要方法是跟踪国际先进的机器人技术。随后，我国在机器人技术及应用方面取得了很大的自主成就，主要研究成果有：哈尔滨工业大学研制的两足步行机器人；北京自动化研究所1993年研制的喷涂机器人；1995年完成的高压水切割机器人；沈阳自动化研究所研制完成的有缆深潜300 m机器人、无缆深潜机器人、遥控移动作业机器人。

我国在仿人形机器人方面的研究也取得了很大的进展。例如，中国国防科学技术大学经过10年的努力，于2000年成功地研制出我国第一个仿人形机器人——“先行者”，其身高140 cm，重20 kg。它有与人类似的躯体、头部、眼睛、双臂和双足，可以步行，也有一定的语言功能。它每秒走一步到两步，但步行质量较高：既可以在平地上稳步向前，还可自如地转弯、上坡；既可以在已知的环境中步行，还可以在小偏差、不确定的环境中行走。

随着计算机、大数据、云计算和人工智能等信息数字技术的快速发展，机器人技术也在不断地更新迭代。曾经我们只能在科幻小说和电影中看到的智能机器人已经逐步走进我们的日常生活。未来，机器人的发展趋势会是什么样的呢?

三、机器人的发展趋势

我们相信，智能化是未来机器人的主要发展方向。智能机器人是指具有感知、思维和行动功能的机器，是机构学、自动控制、计算机、人工智能、微电子学、光学、通信技术、传感技术、仿生学等多种学科和技术的综合成果。智能机器人可获取、处理和识别多种信息，可以自主地完成较为复杂的操作任务，比一般的机器人具有更大的灵活性、机动性和更广泛地应用领域。

对于未来智能机器人可能的几大发展趋势，概括分析如下。

1.语言交流功能越来越完美

智能机器人，既然已经被赋予了“人”的特殊称谓，那当然需要具有比较完善的语言功能，这样就能与人类进行一定的甚至完美的语言交流，所以机器人语言功能的完善是一个非常重要的环节。我们相信，未来智能机器人的语言交流功能越来越完美化是一个必然性趋势。在人类的程序设计下，它们不但可以和人类进行流畅、有效地语言交流，还可以轻松地掌握多个国家的语言。另外，智能机器人还可以具备语言词汇自主学习、重组的能力，当人类与之交流时，若遇到语言包程序中没有的语句或词汇时，智能机器人可以自动地用相关的或相近意思的词组，按句子的结构重组成一句新句子来回答，这也类似于人类的学习能力和逻辑能力，是一种意识化的表现。

2.各种动作的完美化

这里的机器人动作指的是机器人对于人类动作的模仿。我们知道人类能做的动作是极其灵活且多样化的，走、跑、跳、招手、握手等，都是人类的惯用动作。现代智能机器人虽然能模仿人的部分动作，但却是僵化的，或者动作比较缓慢。未来智能机器人将应用人造关节和仿真人造肌肉等新技术、新材料，使自身动作更像人类，甚至超越人类，做出一些普通人很难做出的动作，如平地翻跟斗、高空攀爬等。

3.外形越来越酷似人类

智能机器人主要是以人类自身形体为参照对象的，因此，有一个很仿真的人形外表是其首要前提。对于未来机器人，仿真程度很有可能达到即使近在咫尺细看它的外表，也只会把它当成人类，而不是机器人。

4.逻辑分析能力越来越强

为了使智能机器人智能化程度更高，就需要赋予机器人更多逻辑分析程序功能。如，将相应词汇自行重组成新的句子就是逻辑能力的一种表现形式；还有若自身能量不足，可以自行完成充电，也是一种逻辑能力的表现。总之，智能机器人的逻辑分析能力越高，服务功能就越强大。在一定层面上讲，机器人有较强的逻辑分析能力，是利大于弊的。

5.具备越来越多样化的功能

人类制造机器人的目的是为人类服务，所以智能机器人多功能化是必然。比如，智能机器人既可以成为保姆，会处理扫地、洗碗等家务工作，也可以看护小孩、陪伴老人；同时，机器人还可以搬运重物，甚至担任保镖的工作。未来智能机器人还可以具备更多样化的功能，如变形、医疗、教育等。

机器人的出现是人类科学技术发展的必然结果，是社会经济发展到一定程度的产物，在经历了机器人技术的不停地升级迭代之后，随着科学技术的进一步发展，我们相信机器人技术的前景是光明且宏大的。

第二节　机器人的定义

“机器人”这一词汇是在怎样的情况下产生的？

机器人的形象和“机器人”一词，最早出现在科幻文学作品中。1921年，捷克作家卡雷尔· 恰佩克（Karel Čapek）发表了新剧作《罗素姆的万能机器人》，剧名中的“robota”（捷克文，原意为“劳役、苦工”）一词被用来形容一种经过生物零部件组装而成的生化人——为人类服务的奴隶。这个词后来演化成了robot，成为人造人、机器人的代名词。

那机器人的定义到底是什么呢？

在科技界，科学家会给每一个科技术语一个明确的定义，机器人问世已有几十年，但对机器人的定义仍然没有达成共识。其主要原因是机器人还在持续发展中，新的机型、功能不断涌现。但根本原因是机器人涉及了“人”的概念，成为一个难以回答的哲学问题。就像“机器人”一词最早诞生于科幻小说一样，人们对机器人充满了幻想。

在1967年日本召开的第一届机器人学术会议上与会人员提出了两个有代表性的定义。一个是森政弘与合田周平共同提出的：“机器人是一种具有移动性、个体性、智能性、通用性、半机械半人性、自动性、奴隶性等7个特征的柔性机器”。从这一定义出发，森政弘又提出了用自动性、智能性、个体性、半机械半人性、作业性、通用性、信息性、柔性、有限性、移动性10个特性来表示机器人的形象。

另一个是被誉为“世界仿人机器人之父”的加藤一郎提出的定义，他认为具有如下3个条件的机器可以称为机器人：（1）具有脑、手、脚三要素的个体；（2）具有非接触传感器（用眼、耳接受远方信息）和接触传感器；（3）具有平衡觉和固有觉的传感器。该定义强调了机器人应当仿人的含义，即它靠手进行作业，靠脚实现移动，由脑来完成统一指挥的作用。非接触传感器和接触传感器相当于人的五官，使机器人能够识别外部环境。而平衡觉和固有觉则是机器人感知本身状态所不可缺少的传感器。这里描述的不是工业机器人，而是自主机器人。

1987年国际标准化组织对工业机器人进行了定义：“工业机器人是一种具有自动控制的操作和移动功能，能完成各种作业的可编程操作机。”

中国科学家对机器人的定义是：“机器人是一种自动化的机器，所不同的是这种机器具备一些与人或生物相似的智能，如感知能力、规划能力、动作能力和协同能力，是一种具有高度灵活性的自动化机器”。在研究和开发未知及不确定环境下作业的机器人的过程中，人们逐步认识到机器人技术的本质是感知、决策、行动和交互技术的结合。

随着人们对机器人技术智能化本质认识的加深，机器人技术开始源源不断地向人类活动的各个领域渗透。结合这些领域的应用特点，人们发展了各式各样的具有感知、决策、行动和交互能力的特种机器人和各种智能机器，如移动机器人、微型机器人、水下机器人、医疗机器人、军用机器人、空中空间机器人、娱乐机器人等。对不同任务和特殊环境的适应性，也是机器人与一般自动化装备的重要区别。这些机器人从外观上已远远脱离了最初仿人型机器人和工业机器人所具有的形状，更加符合各种不同应用领域的特殊要求，其功能和智能程度也大大增强，从而为机器人技术开辟出更加广阔的发展空间。

第三节 机器人的分类

机器人（robot）是一种用于快速准确、重复执行一项或多项任务的机器。正如机器人需要执行的任务花样繁多一样，随着机器人技术的发展，机器人的种类也越来越多。

机器人可根据其广泛应用的时间范围进行分类。

第一代机器人可追溯到20世纪70年代，那时的机器人是由固定的、非程序控制的、无感应器的机电设备构成的。

第二代机器人诞生于20世纪80年代，内置了感应器和可编程控制器。

第三代机器人包括自20世纪90年代后迄今为止发明的所有机器人。它们既有固定的又有可移动的；既有自主类的也有仿生类的。由复杂程序设计研发，具有语音识别和语音合成及其他一些高级功能。这些高级机器人因外表类似于人类而被称为“人造人（android）”。“人造人”可自由移动，通常依靠轮子或履带行动（因为机器人的脚不容易稳定，所以较难设计）。还有一些结构复杂、功能强大的机器人在外表和行为上与人类具有明显差异。当前，人们正在思考机器人智能技术及其复杂性的终极发展目标。

从机器人的用途来分，可以分为军用机器人和民用机器人两大类。

一、军用机器人

1.地面军用机器人

地面机器人主要是指智能或遥控的轮式和履带式车辆。地面军用机器人又可分为自主车辆和半自主车辆。自主车辆依靠自身的智能自主导航，躲避障碍物，独立完成各种战斗任务；半自主车辆可在人的监视下自主行使，在遇到困难时操作人员可以进行遥控干预。

2.空中军用机器人

被称为空中机器人的无人机是军用机器人中发展最快的家族，从1913年第一台自动驾驶仪问世以来，目前无人机的基本类型已达到300多种，在世界市场上销售的无人机有40多种。由于美国的科学技术领先，国力较强，因而近代以来，世界无人机的发展基本上是以美国为主线向前推进的。美国是研究无人机最早的国家之一，无论是从技术水平还是从无人机的种类和数量来看，美国均居当前世界首位。

3.水下机器人

水下机器人分为有人机器人和无人机器人两大类。

有人潜水器机动灵活，便于处理复杂的问题，但是潜水器中的人无法完全保证生命安全，而且价格昂贵。

无人潜水器就是人们常说的水下机器人，它适用于长时间、大范围的考察工作，近20年来，水下机器人有了很大的发展，它既可军用又可民用。随着人类对海洋的进一步开发，水下机器人必将会有更广泛地应用。按照无人潜水器与水面支持设备（母船或平台）间联系方式的不同，水下机器人可以分为两大类：一种是有缆水下机器人，它也被称作遥控潜水器（remotely operated vehicle），简称ROV；另一种是无缆水下机器人，也叫作自治式潜水器（autonomous underwater vehicle），简称AUV。有缆机器人都是遥控式的，按其运动方式分为拖曳式、（海底）移动式和浮游（自航）式三种。无缆水下机器人只能是自治式的，目前还只有观测型浮游式一种运动方式。

4.空间机器人

空间机器人（space robots）是用于代替人类在太空中进行科学试验、出舱操作、空间探测等活动的特种机器人。空间机器人代替宇航员出舱活动可以大幅度降低风险和成本。可分为两大类，一类是应用空间探测器上，以通信控制、程序控制及局部控制反馈为主的自主机器人。如采集火星土壤的海盗号火星探测器。另一类是用于载人飞船和航天飞机的机器人。

二、民用机器人

1.工业机器人

工业机器人是指在工业中应用的一种能进行自动控制的、可重复编程的、多功能的、多自由度的、多用途的操作机，能搬运材料、工件或操持工具，用以完成各种作业的机器。且这种操作机可以固定在一个地方，或往复运动的小车上。

工业机器人由操作机（机械本体）、控制器、伺服驱动系统和检测传感装置构成，是一种仿人操作、自动控制、可重复编程、能在三维空间完成各种作业的机电一体化自动化生产设备，特别适合于多品种、变批量的柔性生产。它对稳定和提高产品质量，提高生产效率，改善劳动条件和产品的快速更新换代有着十分重要的作用。工业机器人在行业内普遍应用的情况，也是一个国家工业自动化水平的重要标志。

2.农业机器人

农业机器人是一种机器，是机器人在农业生产中的运用，是一种可由不同程序软件控制，以适应各种作业，能感觉并适应作物种类或环境变化，有检测（如视觉等）和演算等人工智能的新一代无人自动操作机械。由于我国农业机械化、自动化的起步较晚，农业机器人的普及程度相比发达国家落后。但近年来随着科学技术的发展和国家政策的大力支持，农业机器人已经得到了广泛应用，目前我国已开发出的农业机器人有耕耘、除草、施肥、喷药、蔬菜嫁接、收割、采摘等机器人。

3.服务机器人

服务机器人是机器人家族中的一个年轻成员，到目前为止尚没有一个严格的定义，不同国家对服务机器人的认识也有一定差异。服务机器人的应用范围很广，主要从事维护、保养、修理、运输、清洗、保安、救援、监护等工作。德国生产技术与自动化研究所所长R.D.施拉夫特（R.D.Schraft）博士给服务机器人下了这样一个定义：服务机器人是一种可以自由编程的移动设备，它至少应有三个运动轴，可以部分或全自动地完成服务工作。这里的服务工作指的不是为工业生产物品而从事的服务活动，而是指为人和单位完成的服务工作。

服务机器人是一种新型智能化装备、一项战略性高的技术产品，在未来具有比工业机器人更大的市场空间。

4.娱乐机器人

娱乐机器人以供人观赏、娱乐为目的，具有机器人的外部特征，可以像人，像某种动物，像童话或科幻小说中的人物等。同时具有机器人的功能，可以行走或完成动作，可以有语言能力，会唱歌，有一定的感知能力。

娱乐机器人的基本功能主要是使用超级AI技术、超绚声光技术、可视通话技术、定制效果技术，AI技术为机器人赋予了独特的个性，通过语音、声光、动作及触碰反应等与人交互；超绚声光技术通过多层LED灯及声音系统，呈现超炫的声光效果；可视通话技术是通过机器人的大屏幕、麦克风及扬声器，与异地实现可视通话；而定制效果技术可根据用户的不同需求，为机器人增加不同的应用效果。

5.仿生机器人

“仿生机器人”是指模仿生物、具有生物工作特点的机器人。目前在西方国家，机械宠物十分流行，另外，仿麻雀机器人可以担任环境监测的任务，具有广阔的开发前景。21世纪人类将进入老龄化社会，发展“仿人机器人”将弥补年轻劳动力的严重不足，解决老龄化社会的家庭服务和医疗等社会问题，并能开辟新的产业，创造新的就业机会。

目前世界上至少有48个国家在发展机器人，达·芬奇手术机器人开启了全球医疗事业的新纪元、军事机器人成为21世纪各国军事安全重点策略、工业机器人在各个工业领域已大展身手，另外还有异军突起的无人机、无人汽车、用于陪护老年人的机器人、家庭清洁机器人等，机器人大军正在进入我们的生活。

第四节 机器人的基本结构

机器人是一个机电一体化的设备。从控制观点来看，机器人系统可以分成四大部分：机器人执行机构、驱动装置、控制系统、感知反馈系统，如图1-1和图1-2所示。

执行机构包括手部、腕部、臂部、腰部和基座等，相当于人的肢体。驱动装置包括驱动源、传动机构等，相当于人的肌肉、筋络。感知反馈系统包括内部信息传感器，检测位置、速度等信息；外部信息传感器，检测机器人所处的环境信息，相当于人的感官和神经。控制系统包括处理器及关节伺服控制器等，进行任务及信息处理，并给出控制信号，相当于人的大脑和小脑。

和人作类比，智能机器人的结构组成如图1-1、1-2、1-3所示。

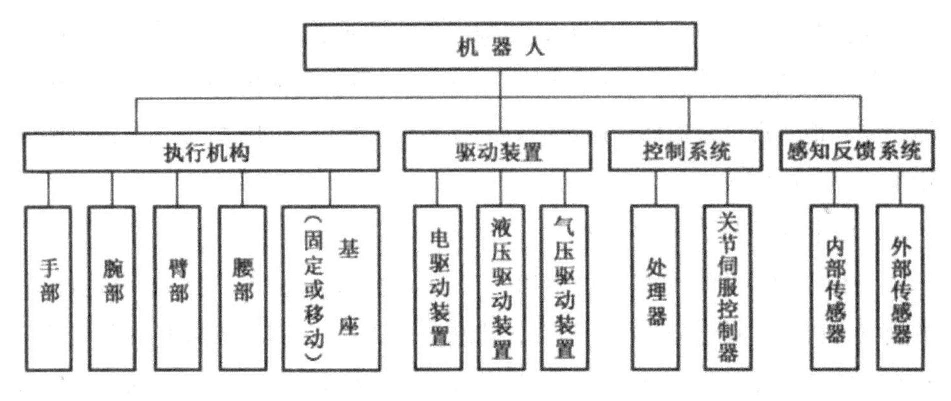

图1-1 机器人的组成

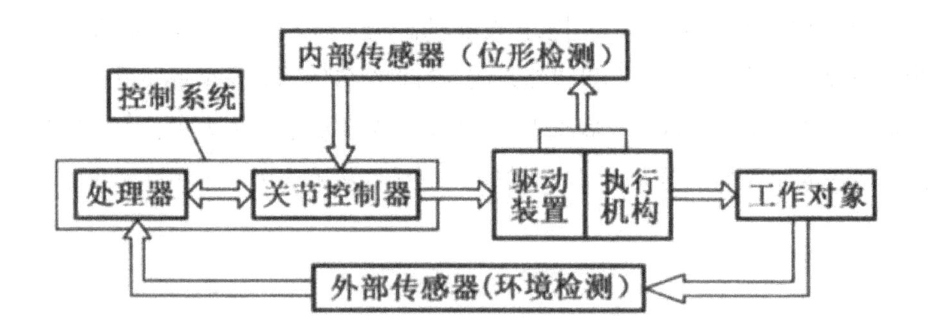

图1-2 机器人组成各部分的关系

机射—— 骨架

控制器 —— 大脑

传感器 —— 眼鼻耳

信息通道（总线）—— 神经

驱动器 —— 肌肉

执行器 —— 手脚

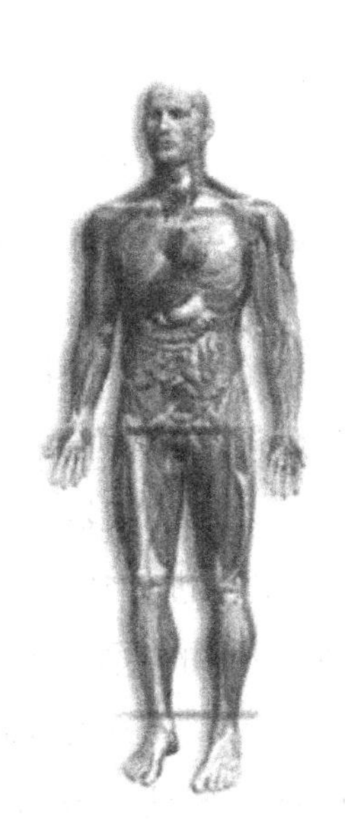

图1-3 机器人构成图

1.机器人大脑

在给机器人设计肢体和感觉器官的同时，也应该给机器人设计一个“大脑”，使它具有辨别、分析和规划的功能，从而指挥自己的运动和工作。这个大脑就是机器人的计算机控制系统。

2.机器人的视觉

人的视觉功能：在人的感觉器官中，视觉是最重要的。据不完全统计，人的视觉细胞数量约在数量级10的8次方，比听觉细胞多二三千倍，是皮肤触觉细胞的一百多倍。因而可以说，人类从外界获取的信息有80 %是依靠眼睛得到的。人的视觉主要有以下五个功能。

（1）立体感觉能力。对于立体物体，人眼能根据它的各立体面所反射光线的差别进行辨识，再通过大脑神经将视网膜得到的各面图像自动组合成立体形象。

（2）测定物体大小及其所在位置远近的能力。

（3）自动跟踪和观察运动目标对象的能力。

（4）人的视神经有快速接收和传输视觉信息的能力。例如，当人刚睡醒睁开眼时，就能一眼把视野内的一切物体尽收眼底，并传输给大脑，其信息量之大，处理速度之快，是难以比拟的。

（5）感觉色彩的能力。因为视神经具有全色的功能，因而正常人的眼睛不但能分辨出各种颜色，而且能分辨出同类色彩中的细微的变化。

机器人视觉系统主要应用于以下三方面。

（1）用视觉技术进行产品检验，代替人的肉眼检测。包括形状检验、几何尺寸检测、缺陷检验（检查零件是否损坏、划伤）、齐全检验。

（2）在机器人进行装配、搬运等工作时，用视觉系统对一组需装配的零部件逐个进行识别，并确定它在空间中的位置和方向，引导机器人的手准确地抓取所需的零件，并放到指定位置，完成分类、搬运和装配任务。

（3）为移动机器人进行导航。利用视觉系统为移动机器人提供它所在环境的外部信息，使机器人能自主地规划它的行进路线，回避障碍物，安全到达目的地，并完成指定的工作任务。

3.机器人的听觉

听觉传感器是机器人的耳朵。由于人类的语言非常复杂、词汇量相当丰富，即使是同一个人，其发音也会随环境及身体状况变化而变化。因此，要使机器人的听觉系统具有接近人耳的功能，除了扩大计算机容量和提高其运算速度外，还需人们在其他方面做大量、艰苦的研究、探索工作。

4.机器人的嗅觉

人的鼻子是嗅觉器官，给机器人装上鼻子就要用到嗅觉传感器，使它能感受到各种气味，从而用来识别其所在环境中的有害气体，并测定有害气体的含量。目前还做不到给机器人设定像人一样可闻出多种气味的嗅觉系统。常用的嗅觉传感器是半导体气体传感器，它是利用半导体气敏元件同气体接触，造成半导体的物理性质变化，借以测定某种特定的气体成分及其含量。空气中的气味种类繁多，而目前研制出的气体传感器基本只能识别像氧气、二氧化碳、氮气等少数气体。因此，除特殊需要而安装探测特定气体的气体传感器外，一般的机器人基本没有嗅觉。

5.机器人的语言

人与机器人要实现快速、简单的交流就需要语言。由于机器人工作的特殊性，它不但要面对工作对象，而且要面对工作对象和自身所在的环境。因此，机器人系统不但要对来自各方的动作做出反应，还要根据环境情况为以后的活动作出预测。这是一般计算机所用的高级语言不能做到的。为此，人们设计了机器人专用语言。但是用机器人语言写的程序，计算机不能直接理解，因而就无法用计算机去控制机器人，必须像处理用高级语言写的程序一样，需要先将用机器人语言写的程序转换成计算机的语言，这就需要语言处理软件。综上所述，机器人语言包括语言本身、语言处理系统和环境模型三部分，实际上是一个语言系统。

6.机器人的触觉

触觉是接触、滑动、压觉等机械刺激的总称。多数动物的触觉器是遍布全身的，像人的皮肤位于人的体表，依靠表皮的游离神经末梢能感受温度、痛觉、触觉等多种感觉。因此，对人来说，除了视觉以外，触觉接受外界的信息量最多。但是昆虫或甲壳类动物的触觉器官却集中在头部的触角中，像蟋蟀与虾的触须是身体长度的2~3倍，依靠长触须可确认远处物体所在的位置，判别其大小。要使机器人具有生物那样敏感的触觉是相当困难的，机器人装上触觉传感器的目的是检测机器人的某些部位（如手或足）与外界物体是否接触，识别物体的形状和在空间的位置，保证机器人的手能牢固地抓住物体，或保证其足能稳稳地踩在地面上。因此，触觉传感器需要具备形体小、质量轻、灵敏度高、集成度高、可靠性高等特点。

7.机器人的上肢

（1）机器人的手臂

要使机器人的手臂具有人臂一样的功能，最基本的条件就是机器人要像人一样具有腕、肘及肩关节等类似的部位。分析得知人臂从肩部到腕部（不包括手掌及手指）共有7个自由度，处在自由状态下的任何物体都具有6个自由度，即沿着3个直角坐标轴的移动和绕着3个坐标轴的转动。移动决定了物体在空间某一点的位置，转动则决定了该物体在空间某位置上的方向，或称姿态。机器人的上肢主要是为了拿物体，或拿工具去工作。换句话说，只要机器人的手臂能在空间某位置以及与物体方向相吻合的姿态去拿到物体就达到了目的。

根据这一原则，机器人的手臂只需有相对应的6个自由度就可以了。

目前工业机器人的数量约占机器人总数的70%～80%，而工业机器人的手臂自由度数目前一般最多不超过6个。有时为了降低制造成本，在满足生产要求的情况下，反而会适当地减少1~2个自由度。从技术观点出发，把机器人手臂的6个自由度分成两部分，即臂部确保3个自由度，腕部确保1~3个自由度。这样的分法，符合了前面提到的臂部3个自由度决定它在空间的位置，腕部3个自由度决定它的姿态的要求。机器人臂部3个自由度可以由移动自由度和转动自由度不同形式组合而成，而这种组合形式决定了机器人手臂的运动坐标形式，同时也决定了机器人手臂在空间运动范围内的不同形状。

（2）机器人的手

人手由手掌和五个手指组成，其中包含了14个关节。手指和手掌配合起来可以做各种灵巧而复杂的动作。机器人的手只是为了代替人手的部分劳动，因而没有必要完全模仿人手的功能。尤其是工业机器人手的主要的功能动作是夹、抓、提、举，一般都没有手掌，全靠手指抓成、夹持物体。因此，工业机器人的手与其说是“手”，还不如说是“夹钳”。人手夹持物体一般利用拇指和食指或中指对向运动把物体牢牢夹住。相比之下，无名指和小指作用不大，仅起辅助作用。机器人的手设计时为了简单、实用、易造，因此，一般多用对置的两个手指。随着仿生技术的发展，机器人手已经越来越灵活了。

8.机器人的下肢

人下肢的主要功能是承受体重和走路。对于静止直立时支撑体重这一要求，机器人的下肢很容易做到；而要像人那样用两足交替行走时，平衡体重就存在着相当复杂的技术问题了。首先，让我们分析一下人的步行情况。走路时，人的重心是在变动的，人的重心在垂直方向上时而升高，时而下降；在水平方向上亦随着左、右脚交替着地而相对应地左、右摇动。人的重心变动的大小是随人迈步的大小、速度而变化的。当重心发生变化时，若不及时调整姿势，人就会因失去平衡而跌倒。人在运动时，内耳的平衡器官能感受到变化的情况，继而通知人的大脑及时调动人体其他部分的肌肉运动，巧妙地保持人体的平衡。而人能在不同路面条件下（包括登高、下坡、高低不平、软硬不一的路面等）走路，是因为人能通过眼睛来观察地面的情况，最后由大脑来决策走路的方法，指挥有关肌肉的动作。从而可以看出，要使机器人像人一样，在重心不断变化的情况下仍能稳定的步行，是十分困难的。同简化人手功能的方法一样，其下肢目前无法完全按照人的样式全盘模仿。只要能达到移动的目的，我们可以采取多种形式：用足走路是一种形式，还可以像汽车、坦克那样用车轮或履带（以滚动的方式）来移动。

移动机器人的导向从大的方面来分，有轨道式和无轨道式两种。轨道式是通过检测机器人与轨道的相对位置进行导向的；无轨道式则是通过检测机器人在移动环境中的位置进行导向的。

用轨道来引导机器人移动的方法有多种，有的像铁路铺轨道一样，机器人的轮子在轨道上滚动，由轨道引导到各工作位置。在车间地面下浅层5~10 mm处敷设电缆，通入数千Hz（赫兹）高频交流电，使之产生磁场；在移动机器人身上安装两个测向线圈检测磁场信号进行移动导向。移动路线由所铺设的电缆决定。电缆铺好以后，要改变导向路线就很困难，但可靠性高，大多数工厂车间内都采用这种方法。也有把金属箔带或白色带子沿着机器人必须行走的路线贴在地面上，当光线照在地面上时，用摄像机或光电管判别白带反射光谱来进行导向。这种方法比起铺设电缆改变移动路线要容易一些。更方便的方法是激光导向，即在机器人需要经过的道路上用激光照射，依靠移动机器人身上安装的激光测定器来测定其移动方向，控制指挥机器人移动。

无轨道式导向主要用于自动移动机器人，它要求机器人能自动识别自身所处位置，选择移动路线而自主运动。因此，机器人必须装有视觉、触觉等装置，用来辨识环境和道路情况，测出自己的位置和方向，通过计算机控制自身的运动。常用的最简单的方法是超声导向方法。众所周知，蝙蝠是依靠超声波定位在夜间飞行。利用这一原理，给机器人配备超声波发射器及接收器，移动前先发射超声波，接收器根据超声波的反射波情况，测出机器人与壁式障碍物间的相对距离及道路情况，从而决定其运动方向，控制机器人的移动。如果再加上摄像机的视觉引导，机器人的移动就更加自如。采用无轨道式导向装置，检测时需用较复杂的装置，价格昂贵，可靠性还存在问题，但其灵活性则远比轨道式大得多。进一步完善后，无轨道式导向装置完全有可能替代轨道式的导向控制，在生产车间内应用。

此外，人类为了开发宇宙、海洋，需要在没有人工道路的自然环境中行走，使用轮子就会遇到很多困难，有时甚至无法移动。这就迫使人们去研究开发拟人和仿生物足的步行机器人。这类仿生机器人的腿部大都采用连杆机构，一般有三四个自由度，具有髋关节、膝关节和踝关节。这类步行机器人一般多条腿，其中一部分腿用来平衡支撑机器人的重心，另一部分腿迈步移动；两部分腿交替工作过程，就是机器人迈步行走的过程。

9.机器人接近觉

接近觉传感器是机器人用以探测自身与周围物体之间相对位置和距离的传感器。接近觉原本不是人的专门感觉，故没有专司其职的接近觉器官。人是依靠自己各种感觉器官的综合感觉能力来感觉自己和周围物体之间的相对位置和大致的距离。因此，仿照人的功能以使机器人具有接近觉，其复杂程度可想而知，而利用一些特定的物理现象来研制专门的接近觉传感器，相对而言就显得简单易行了。

机器人安装接近觉传感器主要有以下三个目的：其一，在接触对象物体之前，获得必要的信息，为下一步运动做好准备工作；其二，探测机器人手和足的运动空间中有无障碍物，如发现有障碍，则及时采取一定措施，避免发生碰撞；其三，可获取对象物体表面形状的大致信息。

第二章　机器人的机械结构分析

第一节　机器人躯干——机身结构

机身是机器人的基础部分，起承载作用。对于固定机器人，机身与地面连接，对于移动机器人，机体则连接到可移动的机构上。工业机器人的机身则是直接支撑、连接传动手臂动作以及行进机构的部件。它包括手臂运动（提升、平移、摆动、俯仰）相关机构以及相关的导向及支撑结构等。根据工业机器人的运行模式，运行条件和负载大小不同，它们使用的驱动装置，传动机构以及导向也会有所不同，从而导致机身结构的显著差异。

机身结构一般是由机器人总体设计确定的，圆柱坐标型机器人把回转与升降这两个自由度归属于机身，该类机身称为回转与升降机身；球坐标型机器人把回转与俯仰这两个自由度归属于机身，该类机身称为回转与俯仰机身；关节坐标型机器人把回转自由度归属于机身，该类机身称为回转机身；直角坐标型机器人有时把升降（Z轴）或水平移动（X轴）自由度归属于机身。

1.回转与升降型机身结构

回转与升降机身结构主要包括用于执行手臂的旋转及升降操作的机构。机身的回转运动通常通过由旋转轴驱动的液压（气体）气缸、直线液压（气）缸驱动的动力传动系统和蜗轮来驱动；机身的升降运动则由直线缸驱动、丝杠—螺母机构驱动和直线缸驱动的连杆式升降台完成来实现。

通常，重型机器人机身自由度可以通过液压或气动进行驱动。升降缸位于机体底部，回转缸处于上部，回转运动由摆动缸进行驱动，由于摆动缸位置处于升降活塞杆上方，所以需要加大活塞杆的尺寸。这种方式使得旋转缸的驱动扭矩需要通过设计进行增大。

同步带或链轮和链轮传动可将同步带或链条的线性运动转换为正时带轮或链轮的旋转运动，并可进行大于360度的旋转运动。

2.回转与俯仰型机身机构

回转与俯仰型机器人的机身主要由用于完成手臂的水平回转和垂直俯仰运动的构件组成，且手臂的升降运动部件可由臂的俯仰运动构件代替。机器人手臂的俯仰运动通常由活塞液压（气）缸和连杆实现，用于俯仰运动的活塞缸布置在臂下方，活塞杆和臂铰链缸布置在尾部或中心，以位于尾部的耳环或者位于机体中部的销轴连接。另外，无杆活塞缸也可用于驱动齿条齿轮或四杆连杆以提供臂的俯仰运动。

3.直移型机身结构

直移型机器人主要是悬挂式的，机身本身为一个横梁，用来悬挂手臂。除了驱动和传动机构之外，还需要在横梁上布置导轨构建来实现手臂沿梁的平移动作。

4.类人机器人型机身结构

除了具有驱动臂的锻炼装置之外，人形机器人的机身必须配备有用于驱动腿和腰部关节运动的装置。腿部和腰部的屈伸用于升降机体，不仅如此，腰部关节还要同时提供左右、前后俯仰动作，此外还需要实现躯体轴向的回转动作。

第二节　机器人手臂——臂部结构

手臂（简称为臂部）用于支撑手腕和手部，并使其在空间运动，是机器人的主要执行部件，工业用机器人腕部的空间位置和工作空间都与手臂的运动及参数有关。为了使机器人末端执行器完成目标任务，机器人臂部一般具有3个自由度，包括伸缩、回转和升降（俯仰）以完成机器人臂的径向、回转以及垂直运动。臂部的各种运动通常通过驱动机构以及各种传动机构来实现。它不仅仅承受被抓取工件的重量，而且要承受末端执行器、手腕和手臂的自身重量。手臂的机构、工作空间、灵活性以及臂力和定位精度都直接影响机器人的工作性能。

1.机器人臂部的组成

机器人的手臂主要包括臂杆以及相关的各种伸缩、屈伸及自传机构，例如驱动装置、引导定位装置、支承连接、位置检测单元等。此外，还有与手腕或手臂运动，联结支撑相关的组件与各种管线等。

根据臂部的驱动方式，传动装置和导向装置以及运动和布置的不同，臂部可以分为伸缩型臂部结构、屈伸臂部结构以及各种专用的传动臂部结构。伸缩臂结构可由液（气）压缸或线性马达驱动。除了臂部的伸缩运动之外，转动伸缩臂结构还围绕其自身做轴线移动，从而完成手部的旋转运动，其可以由液（体）压缸或机械传动装置驱动。

2.机器人机身和臂部的配置

机身和臂部的不同配置基本上反映了机器人的整体布局。基于机器人的不同运动需求、工作目标、工作环境以及场地限制等要求，产生了各种不同配置的机器人。目前，目前较为主流的有横梁式、立柱式、机座式和屈伸式四种配置形式。

（1）横梁式配置

将机身形式设计为横梁悬臂部件，用于悬挂手臂。一般来说有两种类型的正常悬挂，即单臂悬挂式和双臂悬挂式。运动形式主要是移动式。其占地面积小，空间利用率高，易于操作且动作直观。可以将横梁设计为固定式，也可设计为移动式，梁通常连接到工厂原始建筑物中的柱梁或相关设备，或者从地面直立。

（2）立柱式配置

立柱式结构机器人较为常见，其运动形式一般为回转型、俯仰型或者屈伸型。它可以分为两种类型：单臂式和双臂式。通常，臂部可以在水平面内旋转，可以在较小的占地面积内拥有较大的工作空间。立柱可以固定在空地或者在床身。其结构非常简单，可以用于特定类型的主机，并可以承担诸如上下料及转运等任务。

（3）机座式配置

有些机器人的机身被设计为基座式，其组成一个完全独立的系统，可以自由放置和移动。 还可以具有沿着某些专用操作机构的轨道移动以便扩展运动范围，例如在地面上。可以用机座式完成各种运动形式。

（4）屈伸式配置

大臂和小臂共同构成屈伸式机器人的臂部，二者之间有相对运动的被称为伸屈臂。伸屈臂和机身之间的配置与机器人的轨迹有关。

3.机器人臂部机构

机器人的手臂由大臂、小臂（或多臂）构成。驱动方式主要有液压驱动、气压驱动和电动驱动等形式，其中电动驱动形式最为常见。

（1）手臂直线运动机构

机器人手臂的伸缩，升降和横向（或纵向）运动是线性运动，用于实现了线性往复活塞连杆等运动的结构较多，其中，常用的有活塞缸，齿轮齿条及丝杠螺母等机构。活塞缸具有体积小和重量轻等优点而广泛用于机器人手臂结构。

手臂的垂直伸缩运动由液压（气）缸3驱动，这种结构行程长、握把大，受力结构简单，传动平稳，造型美观大方，结构紧凑。可以实现不规则工件的抓取，广泛应用在箱体加工线上。

（2）臂部俯仰机构

机器人手臂的俯仰运动通常通过使用活塞缸和连杆的组合来实现。用于臂俯仰运动的活塞缸位于手臂下方，活塞杆和臂铰链连接，缸体通过尾部或中间销轴连接到立柱上。手臂的俯仰动作也可使用无杆活塞缸驱动齿轮齿条或四连杆机构实现。

（3）臂部回转与升降机构

在提升行程短且摆角小于360度的情况下，臂部回转机构与升降机构通常分别由旋转缸和升降缸驱动，有时也采用升降缸和气动马达—锥齿轮传动结构。

第三节 机器人手腕——腕部结构

腕部是手臂和手部的连接元件，其主要功能是确定手部的方向。因此，手部拥有其独立的自由度以调节机器人手部的复杂姿态。确定手部运动方向通常需要3个自由度。3个旋转方向分别指的是手腕围绕小臂轴线的旋转，又叫腕部旋转。手部沿垂直小臂轴线旋转，腕摆分为俯仰和偏转，其中同时具有俯仰和偏转运动的称作双腕摆；手转，指手部绕自身的轴线方向旋转。

腕部的结构多为上述三个回转方向的组合，组合的方式可以有多种形式，常用的腕部组合方式有臂转—腕摆—手转结构，臂转—双腕摆—手转结构等。

一、机器人手腕的典型结构

1.手腕的分类

根据机器人作业任务的不同，手腕的自由度也是在变化的，一般在1～3之间。选择手腕的自由度时需考虑许多因素，如机器人的多功能性、工艺要求、工件摆放位置以及定位精度等。通常，手腕设有臂转或再增加一个上下腕摆，以满足工作需求。而有些如笛卡尔机器人，则没有手腕运动。腕部可由安装在连接处的驱动器直接驱动，也可以从底座内的动力源经链条、同步齿形带、连杆或其他传动机构远程驱动。直接驱动一般采用液压或气动，具有较高的驱动力与强度，但增加了机械手的质量和惯量。

（1）单自由度手腕

具有单一自由度功能的腕部。

滚转或翻转（roll）关节（简称R关节），是组成转动副关节的两个构件，自身几何回转中心和转动副回转轴线重合，多数情况下，手腕关节轴线与手臂的纵轴线共线，这种R关节旋转角度大，可达到360度以上。腕摆或折曲（bend）关节（简称B关节），是组成转动副关节的两个构件，多数情况下，自身几何回转中心和转动副回转轴线垂直。关节轴垂直于臂轴和手轴，并且由于结构限制，B形接头具有小的旋转角度且方向角非常有限。

（2）二自由度手腕

可以使用R关节和B关节各一个来共同构成一个BR手腕，使用2个B关节组成BB手腕。但2个R关节共同组成RR手腕是不可取的，因为这样会由于共轴而使一个自由度退化，变为单自由度。

（3）三自由度手腕

三自由度手腕可以通过B和R关节以各种方式组合来构成。B和R关节可以不同的顺序排列以获得不同的效果并得到其他形式的三自由度手腕。为了使手腕结构更加紧凑，通常将两个B关节安装到一个十字架上以在更大程度上减小BBR手腕的纵向尺寸。典型的BBR手腕，可以进行偏转、俯仰以及转动运动。由一个B关节和两个R关节共同构成的BRR关节，为了保持三自由度，两个R关节中的第一个必须进行偏置，才能保证手部偏转、俯仰和手转运动的正常实现。

2.手腕的典型结构

在满足要求的起动及传动过程的输出扭矩和姿态的同时，手腕还应具有结构简单，体积小，重量轻，无运动干涉以及传动灵活等特点，大部分腕部的驱动装置均安装于小臂上以使外观更加简洁，一般采用将多个电机运动传递到同轴旋转心轴和多层外壳，在传输到腕部之后再分路传动的方法。

（1）单自由度回转运动手腕

为了实现手腕的回转运动，单自由度的旋转手腕由旋转液压缸直接驱动。该手腕结构紧凑，体积小，运动灵活，响应速度快，精度高，但其回转角度有限，一般小于270度。

（2）双自由度回转运动手腕

具有两个自由度的手腕，其具有用于提供手腕的回转及俯仰的齿轮传动结构，其回转运动由传动轴S传递，先驱动锥齿轮1转动，并使锥齿轮2，3和4旋转，由于手腕和锥齿轮4是一体的，从而实现手部围绕C轴的回转，手腕的俯仰动作通过传动轴B传递，轴B驱动锥齿轮6旋转的同时带动其绕A轴回转，壳体7和驱动轴A通过销整体连接，以实现手腕的俯仰运动。

（3）三自由度回转运动手腕

三自由度的腕部结构，关节包括臂转、腕摆、手转结构。传动链一部分位于机器人小臂壳体内部，内部的3个电机通过皮带将运动输出至同轴传动装置的心轴，中间套筒以及外套筒上；其余部分则直接位于手腕部。

二、柔顺手腕结构

在使用机器人的精密装配工作场合中，如果装配部件之间的配合精度较高，则由于装配部件的不一致性，用于工件定位的夹具以及机器人本身手爪的定位精度无法满足装配要求时，装配作业会变得十分困难。这就需要装配操作具有较好的柔顺性。

为了适应现代机器人的装配作业场景，柔顺手腕应运而生，其主要用于机器人轴孔装配操作。装配过程中的各种误差可导致组装的部件之间的按紧以及卡阻问题，但仅仅通过提高机器人和外围设备的精度来解决在技术层面和经济性上是不现实的。因此，在确保装配过程的精度、可靠性的基础上得到更高的效率变得越来越重要。而将机器人设计为具有一定柔顺性的特性可以满足这一要求，柔顺性可调整装配体之间的相对位置，从而补偿各种装配误差，实现顺利的装配。

目前主要有两种柔顺性装配技术。一种是使用各种不同的搜索方法来实现校正的同时进行装配；有些手爪还具有诸如视觉传感器，力传感器等的检测组件，这是从检测、控制角度入手的。另一种则是从结构角度入手，其在机器人腕部上配置了柔顺环节，用来进行柔顺装配，该技术称为被动柔顺装配（RCC）。

一个柔顺手腕，水平浮动机构包括平面、钢球以及弹簧，其可在水平两个方向进行浮动。摆动浮动机构包括上下球面以及弹簧以保证两个方向的摆动，在进行装配时，当遇到夹具或机器人的手爪位置不准时可以自动校准。插入工件局部遇阻时柔顺手腕会介入，对手爪进行微调使工件顺利插入完成装配。

第四节　机器人手——手部结构

机器人的手部也叫末端执行器，其安装于机器人手腕末端的法兰上直接抓握工件或执行作业的部件。它的功能类似于人手，安装位置为机器人手臂的前端。人的手有两种含义：第一种含义是医学上把包括上臂、手腕在内的整体称作手；第二种含义是把手掌和手指部分称作手。机器人的手部更加倾向于第二种含义。而由于机器人手操作的工件的形状、材质、尺寸、重量以及工件的表面状态都不同，所以手部的形状也各有不同，大部分机器人手部结构都是根据特定的要求进行专门设计。

一、工业机器人手部的特点

1.手部与手腕相连处可拆卸

根据夹持对象的不同，手部结构会有差异，通常一个机器人配有多个手部装置或工具，因此，要求手部与手腕处的接头具有通用性和互换性。除机械接口，也可能有电、气、液接头，当工业机器人作业对象不同时，可以方便地拆卸和更换手部。

2.手部是机器人末端操作器

有些机器人手部末端有人手一样的手指，有些没有；有些则为连接到机器人手腕的专业工具，如喷枪、焊枪等。

3.手部的通用性比较差

机器人手多为专用特殊装置。例如，特用的手只能抓住一个或多个形状，大小，重量类似的物体，并且一种工具一般仅可执行一种作业。

4.手部是一个独立的部件

如将手腕部件归入手臂中的话，那么机器人机械系统的三个主要部分是机身、手臂以及手部。手部是整个工业机器人的关键部件之一，因为它是保证作业完成质量，以及柔顺性质量的关键部件之一。随着具有复杂感知功能的智能手爪的出现，工业机器人操作的灵活性和可靠性正在不断增加。

二、工业机器人手部的分类

1.按用途分类

手部按照用途划分，可以分为手爪和专用操作器两类。

（1）手爪

手爪具有一定的通用性，它对工件执行的主要操作为：抓住—握持—释放。

抓住——为了将工件固定在给定的目标位置并维持所需的姿态，工件必须可靠地定位在手爪中，保持工件和手爪之间的正确相对位置，并保证后续作业精度。

握持——确保工件在搬运过程中或零件在装配过程中定义了的位置和姿态的准确性。

释放——在指定点上解除手爪和工件之间的约束关系。

（2）专用操作器

专用操作器也称作工具，是进行某种作业的专用工具，如机器人涂装用喷枪、机器人焊接用焊枪等。

2.按夹持方式分类

手部按照夹持方式划分，可以分为外夹式、内撑式和内外夹持式三类。

外夹式——手部与被夹件的外表面相接触。

内撑式——手部与工件的内表面相接触。

内外夹持式——手部与工件的内、外表面相接触。

3.按工作原理分类

手部按其抓握原理可以分为夹持类和吸附类手部。

（1）夹持类手部

通常又叫机械手爪，分为靠摩擦力夹持和吊钩承重两种，前者是有指手爪，后者是无指手爪。驱动源有气动、液压、电动和电磁四种。

（2）吸附类手部

吸附类手部有磁力类吸盘和真空类吸盘两种。磁力类吸盘主要是磁力吸盘，有电磁吸盘和永磁吸盘两种。真空类吸盘主要是真空式吸盘，根据形成真空的原理可分为真空吸盘、气流负压吸盘和挤气负压吸盘三种。磁力类吸盘和真空类吸盘都是无指手爪。吸附式手部比较适合用于大平面（单面接触无法抓取）的抓取、易碎物体（玻璃、磁盘、晶圆）以及体积较为微小（不易抓取）的物体，因此，使用范围也比较广。

4.按手指或吸盘数目分类

根据手指的数量，可以分为单指手爪和双指手爪。根据手指关节数，可分为单关节手指手爪和多关节手指手爪。根据吸盘的数量，可分为单吸盘手爪和多吸盘手爪。

5.按智能化分类

手部的智能程度，可分为普通手爪与智能手爪两类。普通式手爪无传感器。而智能化手爪则至少配备一种或多种传感器，如力传感器、触觉传感器及滑觉传感器等，智能化手爪均为手爪与传感器的集成。

三、工业机器人的夹持式手部

除常用的夹钳式外，应用得较多的夹持式手部还有钩托式和弹簧式手部。根据手指夹持工件时的运动方式划分，夹持式手部又分为手指回转型和指面平移型两种。

（一）夹钳式手部

夹钳式手部类似于人类手部，在工业机器人领域应用较广。它一般由手指（手爪）、驱动及传动机构，还有相应的连接与支承元件组成，能通过手爪的开闭动作实现对物体的夹持。

1.手指

手指是与工件直接接触的部分，通过打开和闭合手指控制释放或加持工件。机器人手部通常具有两个手指，有些则具有三个或更多，其结构取决于待夹持工件的形状及其他特征。

指端是手指与工件直接接触的部分，其形状一般取决于工件的形状。较为常见的有V形手指，平面手指，尖指或薄长指以及特殊形状的手指。

V形手指一般用于夹紧圆柱形工件，其具有夹紧稳定可靠且误差小的特点。平面指通常用于夹持方形工件（具有两个平行平面）、板或细小棒状物。尖头、薄指或长指通常用于固定小型或柔性工件。其中，薄指通常用于与狭窄空间中，以免细小工件与周围障碍物碰撞；长指通常用以夹持高温工作，起到一定隔离热源作用，避免热辐射损害机器人自身驱动机构。而对一些形状不规则的物体，需要对手指进行特殊设计，得到与之匹配的特形指方可夹持工件。

指面形状一般分为光滑指面、齿形指面以及柔性指面。光滑的手指表面平整平滑，用于夹持加工表面并防止其夹持过程中损坏。齿形指面表面加工有齿纹。用于增加与工件间的摩擦力以确保牢固抓握，其多用于夹持粗糙表面或半成品表面的成品。柔性指状物的表面嵌有橡胶、泡沫以及石棉等柔性物，具有增大摩擦力，并保护表面并隔绝热源的能力，通常用于夹持已加工的表面和热部件，有时也被用于夹持部分薄壁件和脆性工件。

手指材料会很大程度上影响机器人的使用效果。夹钳式手指一般采用碳素钢和合金工具钢。高温作业的手指可以采用耐热钢；在腐蚀性气体环境中工作的手指，可以进行镀铬或搪瓷处理，也可采用专业耐腐蚀材料，如常用的玻璃钢或聚四氟乙烯。为使手指经久耐用，指面可以镶嵌硬质合金。

2.传动机构

传送机构是将运动和力传递到手指以夹紧和松开工件的机构。根据手指开合的运动特性，该机构可分为回转型以及平移型。回转型可以分为单支点旋转和多支点旋转。根据手爪夹紧时动作是摆动还是平移，又可以将其分为摆动回转型和平动回转型。

（1）回转型传动机构

较为常见的卡钳式手部是回转式手部，其具有带有一对或多对杠杆，传动机构为斜楔、滑槽、连杆、齿轮、蜗轮蜗杆或螺杆等机构组成的复合式机构，从而改变传动部件的传动比预计动作方向。

（2）平移型传动机构

平移型夹钳式手部通常通过手指的往复运动来夹持具有平行平坦表面（如箱体）的工件，其开合动作通过手指面的平面运动来实现。其结构更复杂，并没有像回转型手部那样使用广泛。根据其结构分类，它可以分为两种类型，分别是平面平移机构和直线往复移动机构。

（二）钩托式手部

一般使用较多的夹钳式手部都是以夹紧力来完成对工件的夹持，除此之外，钩托式手部也是一种应用较为广泛的夹持类手部之一。其并非以夹紧力来夹持工件，而是利用托举力来完成托持工件，这得益于其手指对工件的特殊动作，如钩、托、捧等。通过应用钩托方式，手部结构可大大简化并极大降低甚至取消手部驱动装置。其较为适用于水平和垂直平面的低速工作，如搬运等，尤其适用于大而笨重的工件以及大体积轻质易变形的工件。

钩托式手部分为无驱动型和驱动型。无驱动装置的手指的移动是通过手臂的运动实现的，并且没有单独的驱动器来移动手部。当手被臂带动下移并落到一定位置时，齿条的下端与碰撞块碰撞，并且臂继续下降以驱动齿条，当齿轮旋转时，手指进入工件的钩托部位。当手指托持工件时，销通过弹簧的力插入齿条的缺口中，保持手指托持，允许臂将工件从其原始位置移开。挂钩操作完成后，通过电磁铁拔出销子，手指恢复自由状态，继续工作循环。

（三）弹簧式手部

弹簧夹紧手部用弹簧的弹性力来夹紧工件，因此，无须特殊驱动，其结构较为简单。其用途的特征在于工件进入手指并将其从手指上取下均为外力强制进行操作的。由于弹簧力有限，故其仅适用于夹紧小而轻的工件。

一个简单的簧片手指弹性手爪，当手臂驱动夹具并推动坯料时，弹簧构件受压自动打开，工件进入夹具并通过弹簧的弹性力自动夹紧。机器人将工件移动到指定位置，手指并不会松动工件，而是首先固定工件，然后手爪后退撑开手指并松开工作。这种手部只适用于定心精度要求不高的场合。

四、工业机器人的吸附式手部

1.气吸附式手部

气吸附式手部是工业机器人常用的一种吸持工件的装置，由吸盘、吸盘架及进排气系统组成，利用吸盘内与外界的压差工作。与夹钳式取料手相比，气吸式取料手具有结构简单，重量轻、方便、可靠、不损伤工件表面，吸力均匀的特点。它在处理薄片物体方面（如片材、纸张、玻璃等）也很出色，广泛用于吸附非金属材料和无剩磁性材料。但是要求物体表面没有孔槽，表面必须光滑平整且环境为冷环境。按压力差的形成原理，气吸附式手部可分为真空吸附、气流负压吸附、挤压排气吸附三种。

2.磁吸附式手部

磁吸附式手部工作对象仅为铁磁材料，因为它的吸附力是由永磁体或电磁铁产生的电磁吸引产生的。因此，使用磁吸附式手部存在某些限制，如一些仍有剩磁的材料就不适用。

当线圈通电，在磁芯的内部和外部产生磁场，并且磁通量线穿过磁芯以磁化气隙和衔铁以形成回路，衔铁手电磁力作用被吸住。但在实际应用中，经常使用盘式电磁铁，其衔铁处于固定状态，衔铁中的磁绝缘材料阻挡磁通量，在工作时衔铁接触到物体，使物体磁化并形成一个磁场回路，物体收到电磁力被吸住。

五、仿人手机器人手部

目前，工业用的大部分机器人手指没有关节且仅有两根手指。因此，不能适应不同的形状材料，也不能对表面施加相对均匀的夹紧力，因此，无法处理复杂形状以及不同材料的物体。

为了提高机器人手和手腕的可操作性、灵活性和响应性，以使其可以执行各种复杂的任务，例如装配、维修以及设备操作等作业，就需要提高机器人手和手腕的灵活性，研发类似人手的仿生机器人手部。

1.柔性手

现阶段已经开发出了能够抓住不同形状的物体并使物体的表面更均匀灵活的手指。多关节柔性手腕，其每个手指均与多个关节串联。手指传动装置由牵引钢丝绳以及摩擦滚轮共同完成，每根手指均由两根独立钢丝绳拉动，一侧负责抓紧，另一侧负责放松。驱动源可以由马达或液压或气动部件驱动。柔性手腕可对物体施加更均匀的力，并可抓取握持形状更加复杂的部件。

2.多指灵巧手

最完美的机器人手爪及手腕的即是模仿人类的多指手部。其具有多个手指，每个手指具有三个旋转关节，且每个关节的自由度是独立控制的。因此，它几乎可以模仿所有人类手指能够完成的复杂动作，例如拧螺丝、弹钢琴或做手势等。如在手指上配备触觉传感器、力传感器、视觉传感器以及温度传感器，该手指会变得更加灵活完美。多指灵巧手在一些极端环境下具有广泛的应用前景，如核工业、太空操作以及高温，高压和高真空等极端环境。

第五节　机器人核心——驱动与传动系统

一、驱动装置

驱动装置即是动力源，其用途是将臂部驱动到指定位置并且通常经由电缆，变速箱或其他装置传输至手臂。目前有三种主要的驱动方法：液压驱动、气动驱动以及电驱动。

1.液压驱动装置

液压驱动装置输出力矩大，可省去减速装置，直接与被驱动的杆件相连，结构紧凑，刚度好，但是响应较慢，驱动精度不高。需要添加液压源，但大多数液压源不适合高温和低温且极易泄漏。因此，液压驱动目前仅用于大功率机器人系统中。

2.气动驱动装置

气压驱动具有结构简单、清洁、灵敏、缓冲性好等优点，但其输出扭矩低，刚度差，噪声大，速度控制困难，常用于对精度要求较低的场景，如点位控制机器人。

3.电动驱动装置

电驱动装置具有能量源简单，速度范围宽，效率高以及较高的速度和位置精度。但其通常连接到减速器并且难以直接驱动，电驱动装置可以分为直流（DC）、交流（AC）伺服电动机驱动以及步进电动机驱动。其中直流电机存在电刷易磨损且存在火花等安全问题，使得无刷直流电动机更受欢迎，步进电机驱动主要用于开环控制，其控制方便但功率较低，主要用于低精度、低功耗的机器人系统以及自动生产线。

二、传动机构

传动机构用来把驱动器的运动传递到关节和动作部位。机器人的传动系统要求机构紧凑、重量轻、转动惯量和体积小，并且能消除传动间隙，提高其运动和位置精度。工业机器人传动装置除连杆传动、带传动和齿轮传动，还有滚珠丝杠传动、谐波传动、同步齿形带传动。

1.直线驱动机构

（1）齿轮齿条装置

齿条一般是固定的，当齿轮旋转时，齿轮轴和托板会在齿条方向上线性移动，与此同时将齿轮的旋转运动转换为托板的直线运动。托板由导杆和导轨支撑，存在大的间隙，并且整个装置的回差较大。

（2）滚珠丝杠

滚珠丝杠驱动器经常用于机器人中，因为它们具有低摩擦和响应快速的特性。由于滚珠丝杠在螺母的螺纹槽中放置了大量的滚珠，所以在传动过程中的摩擦力是滚动摩擦，这种方式大大降低了摩擦力，从而提高了传动效率，且消除了慢速时的爬行现象。在组装期间施加一定量的预紧力可消除回差。

滚珠丝杠的球从钢壳中流出之后进入研磨的导槽，转2~3圈之后返回钢壳。由于滚珠丝杠具有90 %的传动效率，因此，仅需要较小的驱动器以及连接件即可完成运动的传递。

（3）液压传动（直接平移）

液压传动（直接平移）由高精度气缸和活塞共同完成液压传动过程，液压油从液压缸的一端引入，将液压缸活塞推至另一端，通过调节缸内压力及优良可对活塞运动进行控制，液压传动适用于生产线固定式大功率机器人。

（4）同步带滑台

同步带滑台是一种可以提供直线运动的机械结构，其传动方式由皮带和直线导轨完成。由同步带、同步带轮、直线导轨、滑块、铝合金型材、联轴器、步进电动机等零部件组成。同步带安装在铝合金型材两侧的同步带轮上，同步带轮分别与铝合金型材两侧上的传动轴连接，其中一个轴通过弹性联轴器与步进电动机输出轴连接，该轴为动力输入轴，非封闭式同步带的两端与滑块左右两侧连接，滑块可在与铝合金型材上端固连的直线导轨上滑动。当有动力输入时，输入轴带动同步带轮转动，同步带轮带动同步带转动，同步带带动滑块在直线导轨上沿直线移动。

可以根据不同的负载需要选择增加刚性导轨来提高刚性。不同规格的滑台，负载上限不同。通常同步带型设备经过特定的设计，在其一侧可以控制带的松紧，方便设备在生产过程中的调试，其松紧控制均在左右边，一般采用螺钉控制。

2.旋转传动机构

（1）轮系

轮系是由两个或更多个齿轮组成的传动机构，其不仅传递角位移和角速度，还可传递力和力矩。

使用轮系时需要注意两个问题。首先，轮系的引入改变了系统的等效惯性矩，这会减少驱动电机的响应时间，并使伺服系统的控制更方便。输出轴的转动惯量转换到驱动电动机上且等效转动惯量的降低量与输入齿轮和输出齿轮的齿数平方成正比。其次，当引入轮系，齿轮间隙误差将增加机器人手臂的定位误差，此外如果不采取措施，并且间隙误差还将导致伺服系统不稳定的问题。

一般来说，圆柱齿轮的传动效率约为90 %，其具有结构简单且传动效率高的优点，因此，在机器人设计中最为常见；斜齿轮的传动效率约为80 %，其效率稍低但可改变输出轴的方向；锥齿轮传动效率约为70 %，可使输入轴和输出轴不处于同一平面；蜗轮机构的传动比大且传动过程平稳并可实现自锁，但其传动效率过低，且成本颇高并需要润滑；行星轮系的传动效率可达80 %且有较大的传动比，但结构不够紧凑且较为复杂。

（2）同步齿形带

同步齿形带外形与风扇皮带以及货物运输的传动皮带类似，但皮带上有许多齿，与同步皮带齿互相啮合。在工作中，它们相当于软齿轮，具有良好的灵活性和低价格的优点。当输入轴和输出轴的方向不匹配时，也可使用同步带。此时，除非扭转角误差变得太大，否则同步带一般可以正常工作。在该伺服系统中，当使用码盘测量输出轴的位置时，输入驱动器的同步带可以放置在伺服回路外部。这不会影响到原系统的定位精度以及可重复性，可以保证其重复性在1 mm以内。此外，同步带造价比轮系便宜得多，并且更容易加工。某些场合下，轮系和同步带的组合更方便。

（3）谐波减速器

谐波齿轮很多年前就已经出现，但直到近些年才被重视。在目前的机器人旋转关节中，谐波齿轮目前的使用率已经达到了60 %~70 %。谐波齿轮传动机构由三个主要部件组成，为刚性齿轮，谐波发生器以及柔性齿轮。在工作过程中，刚性齿轮固定安装，齿沿周向均匀分布，柔性齿轮具有外齿形状，位于刚性齿轮内部并沿刚性齿轮的内齿旋转。由于柔性齿轮比刚性齿轮齿数少两个，因此，柔刚性齿轮每旋转360度，柔性齿轮就相对反向旋转两个齿的圆周转角。谐波发生器是椭圆形的，并且以相连接的滚珠支撑，其驱动柔性齿轮旋转并引起塑性变形。当旋转时，仅有数个柔性齿轮的椭圆端部齿与刚性齿轮互相啮合，这样使得柔性齿轮可以与刚性齿轮成一定角度自由旋转一定角度。

假设刚性齿轮具有100个齿并且柔性齿轮具有98个齿，则谐波发生器的50转将使柔性齿轮相对反向旋转一周。所以其可以在很小的空间内实现1：50的减速比。同时，由于啮合齿数量较多，所以谐波发生器还具有很强的扭矩传递能力。尽管其中两个元件都可以作为输入与输出元件，但谐波发生器通常将输出轴连接到柔性齿轮，将输入轴连接至谐波发生器上，这样可以获得较大的减速比。

（4）RV减速器

与谐波减速器相比，RV减速器的刚度和回转精度更高。因此，RV减速器通常放置在铰接式机器人中基座、大臂和肩部等重载部件位置；谐波减速器置于小臂，腕部或者手部；而行星减速器则在直角坐标机器人上应用较多。

此外，与常用的谐波传动方式相比，RV减速器具有更高的疲劳强度、刚度以及更长的寿命，并且回差精度更加稳定，而谐波传动的运动精度则会随使用时间而越来越低，所以许多国家的高精度机器人多采用RV减速器，并且其在先进的机器人领域有逐步取代谐波减速器的趋势。

3.工业机器人的制动器

许多机器人手臂需要在每个关节处安装制动器，以保证在停止工作的情况下保持其原有位置；保证电源故障或者突然被切断时不会碰撞周围物体。例如，齿轮系、谐波齿轮机构以及滚珠丝杠等部件都具有较高的质量精度，通常摩擦力较低，这就使得在驱动器停止时它们并不能承受负载。如果关闭电源并且不使用元件进行制动等，机器人的各个部件会在重力的影响下滑动。因此，机器人制动系统是非常必要的。制动器通常在故障保护模式下运行。也就是说，如果要放松制动器需要打开制动器。否则，关节不能相对运动。其主要目的是防止停电。其缺点也很明显，即在工作时需要不断使用电力来维持制动器的放松状态。还有一种较为省电的选择，即在需要动作时接通电源来放松制动器，然后驱动固定在制动器释放状态的止动销。这样仅需耗费动作挡销的电力。制动器必须具有足够的定位精度才能正确定位关节。制动器应尽可能置于系统的驱动输入端，这可以借助传动链速比来减少由于制动器的轻微滑动所导致的系统移动误差，确保在负载条件下的高定位精度。

第三章　机器人智能化应用之移动机器人

第一节　移动机器人技术的主要研究方向

“移动”是机器人成长的重要标志。自1956年世界上第一台移动机器人——Shakey诞生以来，经过半个多世纪的发展，伴随着制造业不断升级革新，人类生活水平日益提高，移动机器人以其独有的技术优势在工业制造领域和日常生活中扮演越来越重要的角色。

一、移动机器人的机构

一般而言，移动机器人的移动机构主要有轮式移动机构、履带式移动机构及足式移动机构，此外还有步进式移动机构、蠕动式移动机构、蛇行式移动机构和混合式移动机构，以适应不同的工作环境和场合。一般室内移动机器人通常采用轮式移动机构，室外移动机器人为了适应野外环境的需要，多采用履带式移动机构。一些仿生机器人，通常模仿某种生物运动方式而采用相应的移动机构，如机器蛇采用蛇行式移动机构，机器鱼则采用尾鳍推进式移动机构。其中轮式的效率最高，但适应能力相对较差；而足式的移动适应能力最强，但其效率最低。下面介绍轮式移动机构和足式移动机构。

1.轮式移动机构

轮式移动机器人是移动机器人中应用最多的一种机器人，在相对平坦的地面上，用轮式移动方式是相当优越的。轮式移动机构根据车轮的多少有1轮、2轮、3轮、4轮及多轮机构。1轮及2轮移动机构在实现上的障碍主要是稳定性问题，实际应用的轮式移动机构多采用3轮和4轮。3轮移动机构一般是一个前轮，两个后轮。其中，两个后轮独立动，前轮是万向轮，只起支撑作用，靠后轮的转速差实现转向。4轮移动机构应用最为广泛，4轮机构可采用不同的方式实现驱动和转向，既可以使用后轮分散驱动，也可以用连杆机构实现4轮同步转向，这种方式比起仅有前轮转向的车辆可实现更小的转弯半径。

2.足式移动机构

履带式移动机构虽在高低不平的地面上可以运动，但是它的适应性不够好，行走时晃动较大，在软地面上行驶时效率低。根据调查，地球上近一半的地面不适合传统的轮式或履带式车辆行走，但是一般的多足动物却能在这些地方行动自如，显然，足式移动机构在这样的环境下有独特的优势。

足式移动机构对崎岖路面具有很好的适应能力，足式运动方式的立足点是离散的点，可以在可能到达的地面上选择最优的支撑点，而轮式和履带式移动机构必须面临最坏地形上的几乎所有点。足式运动方式还具有主动隔振能力，尽管地面高低不平，机身的运动仍然可以相当平稳。足式行走机构在不平地面和松软地面上的运动速度较高，能耗较少。现有的足式移动机器人的足数分别为单足、双足，三足、四足、六足、八足，甚至更多。足的数目多，适合于重载和慢速运动。在实际中，由于双足和四足具有最好的适应性和灵活性，也最接近人类和动物，所以用得最多。

二、机器人操作系统

随着机器人领域的快速发展和复杂化，代码的复用性和模块化的需求原来越强烈，而已有的开源机器人系统又不能很好地适应需求。2010年Willow Garage公司发布了开源机器人操作系统ROS（robot operating system），在机器人研究领域很快掀起了学习和使用的热潮，也是未来机器人应用系统的发展趋势。

ROS系统是起源于2007年斯坦福大学人工智能实验室的项目与机器人技术公司Willow Garage的个人机器人项目（Personal Robot Program）之间的合作，2008年之后就由Willow Garage来进行推动。

ROS是开源的，是用于机器人的一种后操作系统，或者说次级操作系统。它提供类似操作系统所提供的功能，包含硬件抽象描述、底层驱动程序管理、共用功能的执行、程序间的消息传递、程序发行包管理，它也提供一些工具程序和库用于获取、建立、编写和运行多机整合的程序。

ROS系统主要具有以下特点：

（1）点对点设计，一个使用ROS的系统，程序可以存在于多个不同的主机并且在运行过程中通过端对端的拓扑结构进行联系。

（2）多语言支持，ROS现在支持许多种不同的语言，例如C++、Python、Octave和LISP，也包含其他语言的多种接口实现。

（3）精简于集成，ROS建立的系统具有模块化的特点，各模块中的代码可以单独编译，而且编译使用的CMake工具使它很容易地就实现精简的理念。

（4）工具包丰富，为了管理复杂的ROS软件框架，我们利用了大量的小工具去编译和运行多种多样的ROS组建，从而设计成了内核，而不是构建一个庞大的开发和运行环境。

（5）免费开源，ROS以分布式的关系遵循这BSD许可，也就是说允许各种商业和非商业的工程进行开发。

三、移动机器人的分类

1.管道移动机器人

目前，管道的检测和维护多采用管道移动机器人来进行。管道移动机器人是一种可沿管道内壁行走的机械，它可以携带一种或多种传感器及操作装置，如CCD摄像机、位置和姿态传感器、超声传感器、涡流传感器、管道清理装置、管道焊接装置、简单的操作机械手等，在操作人员的控制下进行管道检测维修作业。

2.水下移动机器人

21世纪是人类开发海洋的新世纪，进行海洋科学研究、海上石油开发、海底矿藏勘测、海底打捞救生等，都需要开发海底载人潜水器和水下移动机器人技术。因此，发展水下机器人意义重大。水下机器人的种类很多，如载人潜水器、遥控有缆水下机器人、自主无缆水下机器人等。

3.空中移动机器人

空中移动机器人在通信、气象、灾害检测、农业、地质、交通、广播电视等方面都有广泛的应用。目前其技术已趋成熟，性能日益完善，逐步向小型化、智能化、隐身化方向发展，同时与空中移动机器人相关的雷达、探测、测控、传输、材料等方面也正处于飞速发展的阶段。空中移动机器人主要分为仿昆虫飞行移动机器人、飞行移动机器人、四轴飞行器、微型飞行器等。微型飞行器的研制是一项包含了多种交叉学科的高、精、尖技术，其研究水平在一定程度上可以反映一个国家在微电机系统技术领域内的实力，它的研制不仅是对其自身问题的解决，更重要的是，还能对其他许多相关技术领域的发展起推动作用，所以研制微型飞行器不管是从使用价值方面考虑，还是从推动技术发展考虑，对于我们国家来说都是迫切需要发展的一项研究工作。

据《2020—2021年度中国工业应用移动机器人（AGV/AMR）产业发展研究报告》显示2020年度，中国市场新增工业应用移动机器人41000台，相较于2019年增长22.75 %，市场销售额达到76.8亿元，同比增长24.4 %。

四、移动机器人的技术研究

移动机器人的应用范围越广，其研究的方向和可实现的功能就越多。目前，以移动机器人为具体研究对象的技术研究主要体现在以下几个方面：导航与定位、多移动机器人、多传感器信息融合、路径规划、轨迹跟踪控制等。

（一）移动机器人的导航与定位技术研究

导航和定位是移动机器人研究的两个重要问题。移动机器人目前已经遍布军事、工业、民用等各大领域，并还在不断的发展中，目前移动机器人技术已获得了可喜的进展，研究成果令人鼓舞，但对于实际中的应用需求还需要长时间的发展，相信随着传感、智能和计算机等技术的不断提高，智能移动机器人一定能够在生产和生活中扮演人的角色。那么移动机器人定位技术主要涉及哪些呢？目前移动机器人主要有五大定位技术。

1.移动机器人超声波导航定位技术

超声波导航定位的工作原理也与激光和红外类似，通常是由超声波传感器的发射探头发射出超声波，超声波在介质中遇到障碍物而返回到接收装置。

通过接收自身发射的超声波反射信号，根据超声波发出及回波接收时间差及传播速度，计算出传播距离S，就能得到障碍物到机器人的距离，即有公式：$S=Tv/2$式中，T——超声波发射和接收的时间差；v——超声波在介质中传播的波速。

当然，也有不少移动机器人导航定位技术中用到的是分开的发射和接收装置，在环境地图中布置多个接收装置，而在移动机器人上安装发射探头。

在移动机器人的导航定位中，因为超声波传感器自身的缺陷，如镜面反射、有限的波束角等，给充分获得周边环境信息造成了困难，因此，通常采用多传感器组成的超声波传感系统，建立相应的环境模型，通过串行通信把传感器采集到的信息传递给移动机器人的控制系统，控制系统再根据采集的信号和建立的数学模型采取一定的算法进行对应数据处理便可以得到机器人的位置环境信息。

由于超声波传感器具有成本低廉、采集信息速率快、距离分辨率高等优点，长期以来被广泛地应用到移动机器人的导航定位中。而且它采集环境信息时不需要复杂的图像配备技术，因此，测距速度快、实时性好。

同时，超声波传感器也不易受到如天气条件、环境光照及障碍物阴影、表面粗糙度等外界环境条件的影响。超声波进行导航定位已经被广泛应用到各种移动机器人的感知系统中。

2.移动机器人视觉导航定位技术

在视觉导航定位系统中，目前国内外应用较多的是基于局部视觉的在机器人中安装车载摄像机的导航方式。在这种导航方式中，控制设备和传感装置装载在机器人车体上，图像识别、路径规划等高层决策都由车载控制计算机完成。

视觉导航定位系统主要包括摄像机（或CCD图像传感器）、视频信号数字化设备、基于DSP的快速信号处理器、计算机及其外设等。现在有很多机器人系统采用CCD图像传感器，其基本元件是一行硅成像元素，在一个衬底上配置光敏元件和电荷转移器件，通过电荷的依次转移，将多个像素的视频信号分时、顺序地取出来，如面阵CCD传感器采集的图像的分辨率可以从32×32到1024×1024像素等。

视觉导航定位系统的工作原理简单说来就是对机器人周边的环境进行光学处理，先用摄像头进行图像信息采集，将采集的信息进行压缩，然后将它反馈到一个由神经网络和统计学方法构成的学习子系统，再由学习子系统将采集到的图像信息和机器人的实际位置联系起来，完成机器人的自主导航定位功能。

3.GPS全球定位系统

如今，在智能机器人的导航定位技术应用中，一般采用伪距差分动态定位法，用基准接收机和动态接收机共同观测4颗GPS卫星，按照一定的算法即可求出某时某刻机器人的三维位置坐标。差分动态定位消除了星钟误差，对于在距离基准站1000km的用户，可以消除星钟误差和对流层引起的误差，因而可以显著提高动态定位精度。

但是因为在移动导航中，移动GPS接收机定位精度受到卫星信号状况和道路环境的影响，同时还受到时钟误差、传播误差、接收机噪声等诸多因素的影响，因此，单纯利用GPS导航存在定位精度比较低、可靠性不高的问题，所以在机器人的导航应用中通常还辅以磁罗盘、光码盘和GPS的数据进行导航。另外，GPS导航系统也不适用于室内或者水下机器人的导航中以及对于位置精度要求较高的机器人系统。

4.移动机器人光反射导航定位技术

典型的光反射导航定位方法主要是利用激光或红外传感器来测距。激光和红外都是利用光反射技术来进行导航定位的。

激光全局定位系统一般由激光器旋转机构、反射镜、光电接收装置和数据采集与传输装置等部分组成。

工作时，激光经过旋转镜面机构向外发射，当扫描到由后向反射器构成的合作路标时，反射光经光电接收器件处理作为检测信号，启动数据采集程序读取旋转机构的码盘数据（目标的测量角度值），然后通过通信传递到上位机进行数据处理，根据已知路标的位置和检测到的信息，就可以计算出传感器当前在路标坐标系下的位置和方向，从而达到进一步导航定位的目的。

激光测距具有光束窄、平行性好、散射小、测距方向分辨率高等优点，但同时它也受环境因素干扰比较大，因此，采用激光测距时怎样对采集的信号进行去噪等也是一个比较大的难题，另外激光测距也存在盲区，所以光靠激光进行导航定位实现起来比较困难，在工业应用中，一般还是在特定范围内的工业现场检测，如检测管道裂缝等场合应用较多。

红外传感技术经常被用在多关节机器人避障系统中，用来构成大面积机器人“敏感皮肤”，覆盖在机器人手臂表面，可以检测机器人手臂运行过程中遇到的各种物体。

典型的红外传感器包括一个可以发射红外光的固态发光二极管和一个用作接收器的固态光敏二极管。由红外发光管发射经过调制的信号，红外光敏管接收目标物反射的红外调制信号，环境红外光干扰的消除由信号调制和专用红外滤光片保证。设输出信号Vo代表反射光强度的电压输出，则Vo是探头至工件间距离的函数：Vo=f（x，p）式中，p——工件反射系数。p与目标物表面颜色、粗糙度有关。x——探头至工件间距离。

当工件为p值一致的同类目标物时，x和Vo一一对应。x可通过对各种目标物的接近测量实验数据进行插值得到。这样通过红外传感器就可以测出机器人距离目标物体的位置，进而通过其他的信息处理方法也就可以对移动机器人进行导航定位。

虽然红外传感定位同样具有灵敏度高、结构简单、成本低等优点，但因为它们角度分辨率高，而距离分辨率低，因此，在移动机器人中，常用作接近觉传感器，探测临近或突发运动障碍，便于机器人紧急停障。

5.目前主流的机器人定位技术是SLAM技术

SLAM（Simultaneous Localization and Mapping，即时定位与地图构建），行业领先的服务机器人企业，大多都采用了SLAM技术。简单来说，SLAM技术是指机器人在未知环境中，完成定位、建图、路径规划的整套流程。自1988

年被提出以来，主要用于研究机器人移动的智能化。对于完全未知的室内环境，配备激光雷达等核心传感器后，SLAM技术可以帮助机器人构建室内环境地图，助力机器人的自主行走。

SLAM问题可以描述为机器人在未知环境中从一个未知位置开始移动，在移动过程中根据位置估计和传感器数据进行自身定位，同时建造增量式地图。

SLAM技术的实现途径主要包括VSLAM、Wifi—SLAM与Lidar SLAM。

（1）VSLAM（视觉SLAM）

指在室内环境下，用摄像机、Kinect等深度相机来做导航和探索。其工作原 理简单来说就是对机器人周边的环境进行光学处理，先用摄像头进行图像信息采集，将采集的信息进行压缩，然后将它反馈到一个由神经网络和统计学方法构成的学习子系统，再由学习子系统将采集到的图像信息和机器人的实际位置联系起来，完成机器人的自主导航定位功能。

但是，室内的VSLAM仍处于研究阶段，远未到实际应用的程度。一方面，计算量太大，对机器人系统的性能要求较高；另一方面，VSLAM生成的地图（多数是点云）还不能用来做机器人的路径规划，需要进一步探索和研究。

（2）Wifi—SLAM

指利用智能手机中的多种传感设备进行定位，包括Wifi、GPS、陀螺仪、加速计和磁力计，并通过机器学习和模式识别等算法将获得的数据绘制出准确的室内地图。该技术的提供商已于2013年被苹果公司收购，苹果公司是否已经把 Wifi—SLAM 的科技用到iPhone上，使所有 iPhone 用户相当于携带了一个绘图小机器人，这一切暂未可知。毋庸置疑的是，更精准的定位不仅有利于地图，它会让所有依赖地理位置的应用（LBS）更加精准。

（3）Lidar SLAM

指利用激光雷达作为传感器，获取地图数据，使机器人实现同步定位与地图构建。就技术本身而言，经过多年验证，已相当成熟，但Lidar成本昂贵这一瓶颈问题亟待解决。

Google（谷歌）无人驾驶汽车正是采用该项技术，车顶安装的激光雷达来自美国 Velodyne公司，售价高达7万美元以上。这款激光雷达可以在高速旋转时向周围发射64束激光，激光碰到周围物体并返回，便可计算出车体与周边物体的距离。计算机系统再根据这些数据描绘出精细的3D地形图，然后与高分辨率地图相结合，生成不同的数据模型供车载计算机系统使用。激光雷达占去了整车成本的一半，这可能也是 谷歌 无人车迟迟无法量产的原因之一。

激光雷达具有指向性强的特点，使得导航的精度得到有效保障，能很好地适应室内环境。但是，Lidar SLAM却并未在机器人室内导航领域有出色表现，原因就在于激光雷达的价格过于昂贵。

（二）移动机器轨迹跟踪控制技术研究

移动机器人的轨迹跟踪控制技术是基于路径规划技术来研究的。要检验移动机器人是否按照设定好的路径运动，并且在一定的时间内到达目的地时，就必须采用轨迹跟踪控制技术来实现这一要求。针对非完整轮式移动机器人的轨迹跟踪问题，郭一军等人基于李亚普诺夫方法和系统运动学模型设计了轨迹跟踪控制器，能够使系统快速收敛，具有全局稳定性。移动机器人的轨迹跟踪控制系统中，由于外界未知干扰的存在以及系统自身的不稳定性缺点，使得轮式移动机器人实际的轨迹与期望轨迹之间总是存在误差的。为了消除这种误差，各种轨迹跟踪控制技术应运而生。目前，轮式移动机器人轨迹跟踪控制方法大致分为自适应控制、鲁棒控制、神经网络控制、反演控制、滑模控制和模糊控制等。

（1）反演控制（backstepping control）方法是近年来研究非线性系统反馈控制律的热点之一。反演控制方法的基本思想是通过构建Lyapunov函数推导出系统的控制律，采用逆向思维的方法进行设计。基于反演控制技术的移动机器人控制器的设计可以有效地解决不确定性系统的稳定性。针对高阶不匹配不确定非线性电液伺服系统，乔继红基于反演控制的思想和Lyapunov理论方法，提出一种动态面反演控制策略，以实现对电液伺服系统的位置控制。基于backstepping方法，徐俊艳等人实现了对移动机器人的全局轨迹跟踪控制。

（2）模糊控制（fuzzy control）方法克服了传统算法的不足，在移动机器人的轨迹跟踪研究中体现出的控制效果相较于一般控制更优，且具有轨迹跟踪稳定和精度较高的优点。移动机器人是一个典型的时延、非线性不稳定系统，而模糊控制充分发挥其不需要数学模型、运用控制专家的信息及具有鲁棒性的优点而得到广泛的应用。吴忠伟等人基于模糊控制方法和Lyapunov理论，设计了一种具有模糊规则的滑模控制器。

（3）滑模控制（sliding mode control，简称SMC）在本质上是非线性控制技术的研究产物。由于模型参数的改变及未知扰动的存在对滑模控制器的设计没有影响，能够迅速收敛，算法简单，对模型要求低，没有在线识别系统的优点广泛应用于移动机器人控制。20世纪末，结合滑模变结构控制与模糊控制、反演控制、干扰观测器等优势构成的先进滑模控制方法的研究已成为新的流行趋势。张扬名等人设计了一种连续状态快速反馈的滑模变结构控制器，实现了非完整移动机器人的误差跟踪控制。针对轮式移动机器人建模系统中存在的误差和外界干扰，闫茂德等人基于反演控制和自适应滑模控制相结合的思想，实现了全局渐进稳定的轨迹跟踪控制。李文波等人采用神经网络补偿的方法，设计了一种快速光滑终端二阶滑模控制器，提高了控制的速度和精度。

对比以上移动机器人的移动机构形式，目前轮式移动机器人的轨迹跟踪研究存在的主要问题有两方面：一是针对复杂的路面状况，如遇到三维空间中斜面需要爬坡或有障碍物需要避障时，系统如何保持其稳定性并继续运动；二是考虑外界存在各种干扰因素时，系统如何有效地克服干扰并实现良好的轨迹跟踪控制。

（三）移动机器人的路径规划与智能算法研究

近几年，基于群智能算法的移动机器人研究发展也十分迅速。群智能算法是一种新兴的演化计算技术，已成为越来越多研究者的关注焦点，它与人工生命，特别是进化策略以及遗传算法有着极为特殊的联系。群智能理论研究领域主要有两种算法：蚁群算法和粒子群算法。蚁群算法是对蚂蚁群落食物采集过程的模拟，已成功应用于许多离散优化问题。粒子群优化算法也是起源于对简单社会系统的模拟，最初是模拟鸟群觅食的过程，但后来发现它是一种很好的优化工具。群智能优化算法具有很好的鲁棒性和分布式计算机制，且群智能优化算法的应用领域非常广泛，如TSP问题、函数优化、数据挖掘、机器人路径规划等，并有很好的优化效果。

人工鱼群算法（Artificial Fish Swarms Algorithm，AFSA）是李晓磊等人于2002年在动物群体智能行为研究的基础上提出的一种新型方盛优化算法。近年来，大量的研究者们对于人工鱼群算法的研究出现了许多有意义的研究成果。人工鱼群算法具有并行性、简单性、寻优速度快且全局寻优能力强等特点，能够有效地提高移动机器人路径规划的速度。然而，分析现有的研究成果，不难发现在人工鱼群算法的应用过程中，主要存在如下缺陷：首先，人工鱼个体的视野和步长是固定不变的，视野的不变性会导致算法后期的收敛速度变慢；而步长的不变性会影响最优解的精确度。其次，传统人工鱼群算法中的个体本身不具有变异机制，从而降低了种群的多样性。人工鱼群算法是一种连续的优化算法，移动机器人路径规划又是一种离散的规划方式，仅有很少的文献对人工鱼群算法应用到移动机器人的路径规划中，因此，对人工鱼群算法来说，要将其应用于机器人的路径规划中是一个难点问题。

第二节 国内外移动机器人研究现状

一、移动机器人国外研究现状

20世纪是人类社会迅猛发展的一个世纪，许多的技术发明在这个时代诞生。随着计算机、光学等科学技术的飞速发展，机器人的研究也随之快速展开。

1939年，一款名为Elektro的家用机器人出现在美国世博会上。该机器人可以行走，能够说出简单且有限的单词，甚至可以抽烟，它身后由电缆控制。

1956年，乔治·德沃尔（G.C Devol）制造了第一台可编程机器人，使机器人具有了更大的灵活性。

1959年，世界上第一台名为尤尼梅特的工业机器人诞生在乔治·德沃尔与美国发明家约瑟夫·恩格尔伯格（Joseph F · Engelberger）之手。恩格尔伯格设计了机器人的机械部分和操作部分，意味着机器人有了“手”和“脚”，而德沃尔设计了控制和驱动部分，使机器人有了“大脑”和“肌肉”。尤尼梅特设计之初重达两吨，通过磁鼓上的一个程序来控制，它的精确率达1/10000英寸。

1962年，美国AMF公司创造的VERSTRAN机器人向全世界出售，这掀起了机器人发展的热潮。从此机器人的发展步入高速发展的阶段。

1996年到1972年斯坦福研究院（SRI）的人工智能中心研制了世界上第一台真正意义上的移动机器人Shakey，虽然Shakey只能解决简单的感知、运动规划和控制问题，但它是当时将AI（aritificial intelligence）应用于机器人最为成功的研究平台，它证实了许多通常属于人工智能领域的严肃的科学结论。智能机器人的诞生展开了机器人研发的新篇章，具有十分重要的历史地位，同时也为更先进的机器人研发奠定基础。

1969年，被誉为“仿人机器人之父”的加藤一郎，在早稻田大学研发出了真正意义上的第一台仿人机器人。

1978年通用工业机器人PUMA的诞生标志着工业机器人技术已经完全成熟。

进入20世纪90年代后，随着智能控制技术的发展，机器人的应用领域不断拓展，移动机器人的开发也越来越向实用型方向发展。随着智能控制技术的发展和各种优化算法的相继提出，使得移动机器人在智能控制、自主规划、自主推理方面得到了更深层次的发展。在20世纪后期，移动机器人的研究进入到智能控制的高层次领域，其目的是研究移动机器人在真实的环境空间下的自主运行和自主规划的能力，而且移动机器人的研究也由原来的动力方面转向了外星探索和智能交通控制方面。

1997年美国研发的火星探测移动机器人“索杰那”成功登陆火星，证明了移动机器人在太空探索方面的成功应用，并在世界上掀起了不小的研究热潮，也为后续的移动机器人在太空探索方面的研究奠定了基础。

1998年德国成功研制了一种轮椅式移动机器人，该机器人成功地完成了在拥挤的公共环境内行走36个小时，移动机器人在智能交通控制方面的应用得到了有力的证实。

20世纪末期，随着移动机器人定位技术、路径规划、运动控制技术不断的进步，定位导航技术在自动驾驶汽车行业中也进行了深入的研究。谷歌自主研发的无人自动驾驶汽车已实现自动驾驶。

到了2000年之后，机器人就开始全面走向了工厂。直到21世纪，移动机器人技术开始飞速发展。

2002年美国iRobot公司研发了第一台吸尘器机器人，它不仅能自动进行路径规划，还能轻松避开障碍物，当电量即将用尽时，它还可以自动驶向充电座。这也是当今扫地清洁机器人的雏形，解决了已知环境中的路径规划问题。

2003年6月10号和7月8号美国成功发射的“勇气号”和“机遇号”两个火星探测器，标志着人类对移动机器人技术的研究达到了一个前所未有的高度。

2007年，日本TAKARA TOMY公司推出了娱乐机器人i-sobot，这是一种人形双足机器人，可以像人类一样行走，在“特殊行动模式”下进行踢腿和拳击以及一些娱乐性的技巧和特殊动作。

2011年，日本研发中心研发的Monirobo移动机器人成功参与了福岛核事故的清理与救援工作。

2015年7月，一家由机器人组成的酒店在日本长崎县佐世保市开始运营。其中包括清洁机器人、引导机器人，还有帮顾客拿东西的机器人。机器人的使用大大降低了人力劳动力。

2016年，一款人形机器人Atlas在美国诞生，这款机器人除了可以完成模仿人类行走的基本任务外，还可以完成不同状况下的搬运任务。Atlas的外壳材质都是采用了航空级铝钛材料，拥有超高坚固性，不易受损，它拥有四个液压驱动的四肢以及28个液压关节，头部还配备两个视觉系统：激光测距仪和立体照相机。它的脑袋两侧一直会有感光的元器件闪烁，正脸安装一个高速旋转的东西，类似雷达探测、物理识别系统。Atlas还能够胜任很多不可思议的任务，例如开门、搬运、奔跑，甚至可以开车、连接消防水管。业界都将其视为“最先进的机器人”。

二、移动机器人国内研究现状

虽然国内移动机器人技术研究比国外要晚上许多年，但在国家政策的大力支持下，经历了几十年的研究发展，已经有了不小的进步。

从机器人应用的环境出发，中国研究者将移动机器人分成工业机器人和特种机器人两类。工业机器人就是应用于工业领域的具有多关节机械手或多自由度的机器人。而除了工业机器人以外则可以成为特种机器人。特种机器人即相对于工业领域的特殊种类的机器人，包括军用机器人、家用机器人、农业机器人等。

我国的机器人发展可以分为以下几个阶段。

1.20世纪70年代的萌芽期

我国在20世纪70年代开始正式地大力发展移动机器人的研究工作，1972年，中科院沈阳自动化所便展开了机器人的研究工作。1977年，我国第一台微操作机器人系统在南开大学开发成功，主要用于生物实验。

2.20世纪80年代的开发期

1985年，我国第一台水下机器人成功问世，该机器人重达2000公斤，在水下成功下潜60米，标志着我国机器人技术的发展展开了新的篇章，成为我国机器人发展的里程碑。随后，其他水下机器人、载重机器人相继问世。1988年身高3.1米的载人水下机器人在中国船舶总公司702所研制成功。

3.20世纪90年代后的成长期

1986 年我国成立了“863”计划，当时机器人的研发和发展还处在理论研究和探索阶段，从那个时候开始国家意识到对移动机器人的发展只有通过自主创新、自主研发、有自己的核心技术、提高创新能力才能在飞速发展的科技中占有一席之地。1994年清华大学通过了对移动机器人的鉴定，提出了移动机器人研究方面的几个关键技术；1996年哈尔滨工业大学成功研制了导游机器人，是一台自主方式的移动机器人；在我国的“863”计划中，“水下6000米无缆自治机器人”获得了耀眼的光环，并一举夺得2000年国家十大科技成果奖。

4.21世纪的发展期

中国国防科学技术大学于2000年成功研制出了我国的第一个仿人形移动机器人，起名为“先行者”，该移动机器人不仅具有步行能力且具备语言表达能力，这也使得我国正在仿人形机器人领域取得了重大的突破。中国科学院自动化研究所于2000年设计制造了我国第一台智能轮椅平台，此平台安装了红外线传感器、超声波传感器等多传感器融合的导航系统，可以实现对前方的障碍物进行检测并自动进行避障，通过传感器检测前方的障碍，自主停止向前运动，避免倾翻或跌倒；清华大学于2003年成功地研发出了THMR-V无人车，并且在移动机器人路径规划的仿真技术研究、基于传感器的局部路径规划技术研究、基于地图的全局路径规划技术方面都做了大量的研究工作，这些研究成果标志着我国在无人车领域得到了飞跃发展。此外，中国科学院自动化所于2003年成功制造了集各种功能于一身的全方位的移动机器人。2009年我国成功研制了第一台生命探测井下救援机器人。该机器人的成功研制，使得我国在危险环境下移动机器人救援方面取得了长足的进步。2013年“玉兔号”移动探月车成功登陆月球表面，标志着我国在空间移动机器人方面取得了重大的突破，这一历史转折表明我国在国际移动机器人研究领域已经占据了一席之地。

经过50多年的发展，我国的机器人技术虽然在有些方面已经处于世界领先水平，创造了从无到有，从有到优的过程，但仍然存在很多不足。现如今已经有100多家从事机器人行业相关的公司，其中包括研发设计、生产制造、应用调试等。全国各地正在建设和筹建的机器人产业园超过40余家。其中包括了市值已达400亿元的沈阳新松机器人自动化股份有限公司，仅位于 ABB、FUNAC后，位列全球第三。

目前，物流行业、汽车行业、3C电子等是移动机器人应用较为广泛而且前景较为广阔的几个行业。

1.物流行业：全线布局，智能物流

移动机器人最大的应用领域是电子商务物流服务，它们之间的竞争从一定程度上讲是物流之争，物流服务更好的商家将会获得更多客户的青睐。因此，如何解决爆仓、暴力分拣、错发等问题，如何提升分拣效率、降低错发率，如何打造智能化仓库，成为当下电商仓储物流行业的首要问题。移动机器人的出现很好地解决了这些问题，它在作业效率上具有传统人工作业或机器作业无法具备的优势。

2.汽车行业：深入应用，助力生产

汽车行业一直以来是机器人力争的高地，移动机器人在汽车行业的应用来源于瑞典汽车制造商沃尔沃。据不完全统计，汽车行业占移动机器人总使用量的60 %左右，比较典型的应用主要在于发动机装配线，或者底盘和平台的对接。比如，当下车企追捧的无人化智能工厂，移动机器人的应用产线：（1）原材料的自动运输。（2）总装线的运输。（3）测试区的往来运输。（4）生产车间与成品之间的自动运输

因此，汽车行业无疑是移动机器人最强有力的支持力量和最强大的市场。一个完整的智能化工厂可能需要几百乃至上千的移动机器人部署，如东风日产广州花都工厂就使用了超过1000台移动机器人。目前来看，国家“智能化”发展需求上升，以及在“碳中和，碳达峰”的规划要求下，汽车行业终将迎来新变革，在新能源汽车红利下移动机器人或将迈上新台阶。

3.3C电子行业：智能速产，节省成本

2013~2017年是我国3C电子制造业的爆发期，短短几年内，3C电子制造业保持在14.5 %的年复合增长率。近两年国内3C产业更是呈现爆发式增长。3C产业的庞大体量给移动机器人带来了巨大的市场容量；同时，国内劳动力短缺，人口红利下降，招工难的问题日益明显，进一步造就了移动机器人应用于3C产业的广阔前景。

除此之外，还有更多应用领域值得我们去挖掘与探索，如新农业、医疗、教育等。新大陆总是伴随新机遇。移动机器人已经学会如何自我展示。由“幕后”走向“幕前”，多元化发展，打破常规，实现自主移动，智能行走。移动机器人的成长需要勇于创新的精神，多元化发展的气魄，可尝试与其他类别机器人协同合作，特别是服务行业。在此基础上进行延伸，由点到面，全面发展。

第三节 移动机器人应用实例

区别于AGV（Automated Guided Vehicle，自动导引车，指装备有电磁或光学等自动引导设备，能按规定路径行走的自动运输车）等自动化运输车，移动机器人是集环境感知（slam）、动态决策与规划（navigation）于一体的多功能综合系统，是集中了传感器技术、信息处理、电子工程、计算机工程、自动化技术于一体的人工智能学科（AI），是目前科学技术发展最活跃的领域之一。在移动机器人的不断发展，对制造业的不断渗入之下，如今的3C电子行业已经成为继汽车行业之后的最大移动机器人应用市场。

一、3C电子行业应用移动机器人的必要性

1.市场空间巨大

尽管目前以智能手机、平板电脑、传统 PC 等为代表的传统 3C 行业已经逐步走进存量争夺的红海市场，行业的基数已经足够大，但行业的景气度依然延续。传统 3C 产品未来的发展将以创新和优化为导向，尤其在硬件领域的技术争夺和竞争将愈加激烈，这将直接带动硬件生产设备的需求，上游设备将迎来新机遇。

目前应用3C行业的AGV保有量与汽车行业相比相差太多，按3C行业2000万的产业工人计算，500人/台AGV（日本电子行业数据），未来3C行业的需求将是4万套AGV的需求量。

目前国内已经有数十家企业布局3C制造柔性物流自动化，但规模化应用尚处于初期阶段，企业大有发展空间。

2.柔性化需求凸显

随着3C产品定制化和个性化需求的不断增长，小批量、多样化的产品将越来越多，这使得3C企业在生产的过程中需要经常切换品种，因此，对机器人及自动化等设备和生产线的柔性化要求也越来越高。3C电子行业4万亿产

值，庞大的体量给移动机器人提供了巨大的市场容量；大量人工需求与招工难的矛盾，成为移动机器人企业入局的理由。

3C对物流搬运提出了新的需求：大批量定制、生产周期缩短对于柔性化、矩阵式生产的要求物流具备快速应变能力；为了降低风险，生产线拆解更细分，物流频次上升，要求更高效率；可与MES系统对接，将生产信息准确映射为生产作业，精准控制供应链和生产节拍。

3.自然导航的全面应用

未来，3C行业对AGV的应用需求是轻量、可靠、灵活。这样对导航方式就有了新的要求。在3C行业的物流搬运中，由于其产品更新换代的速度特别快，因此，对搬运设备的柔性化需求也更高。柔性化生产就要求传统制造业更灵活快速地转换工作流程，部署及操作成本低廉，高效可靠的运行等。

经过了前期的市场培育以及各大3C头部企业标杆项目的应用，3C行业对于移动机器人的接受程度正在不断提高。目前，3C行业主要以AMR产品为主，相比于传统的磁带、二维码导航移动机器人，无须任何导引标识的AMR高度的柔性化正好契合3C行业物流搬运的特殊需求，具有独特优势。

二、移动机器人应用实例

近几年，在3C行业应用规模进一步扩大的同时，也涌现了一波优秀企业与行业对移动机器人的标杆应用，下面主要结合近年来移动机器人在3C制造领域的探索与应用，罗列5大经典应用案例。

1.优艾智合——5G应用，打通场内物质流与信息流

应用端是国内知名的消费电子生产企业，企业产线布局紧凑、物料周转频繁，现有人员很难满足扩产后的物料搬运作业，及时性难以保证，导致生产节拍受影响，生产效率受限。

为达到更好地优化场内物流作业，提高作业效率和产品质量的目的，优艾智合以进行料框搬运流转的移动机器人为基础，配合自主研发的YOUIFleet调度管理系统和YOUITMS物流管控系统，实现对物料的高效精准配送，并通过滚筒移动机器人进行不同产线之间、不同工位间的全自动物料运转，稳定

生产节拍。同时支持与仓库WMS和生产线MES对接，移动机器人通过配合仓库WMS与仓库出库口对接，完成SMT高速贴片机物料的配料，运输到9条产线边，配合MES系统完成产线的尾料下线，实现了产线与X光点料机之间的自动运输。

值得一提的是，整个项目支持5G通信网络。高精度的对接，多功能的呼叫及物料管理系统，更便捷的智能化管理，移动机器人打通场内物质流与信息流，物料信息全程可溯，软件系统直观交互。全面满足了企业柔性生产需求，缩短了停产改造周期。

2.迦智科技——实现4万平方米以上厂房面积内的人机共融作业

迦智科技为柔性屏生产企业提供了涵盖121台高精度侧叉物料取放机器人、90台自动充电桩、5台服务器等在内的硬件并配合CLOUDIA智能调度系统、WCS物料管理系统等软件在内的智能物流整体解决方案。

在此项目中，迦智无轨导航AGV均采用分布式地图存储方式，轻松实现单张地图4万平方米以上厂房面积内的人机共融作业。另外，迦智的智能调度管理系统CLOUDIA，提供了多种接口，通过多种信息协议，可将AGV与厂内辊筒线、叉车接驳台、卷帘门、电梯等不同设备连接起来，实现各作业场景间自由切换；同时，迦智还根据用户的生产场景需要，设计提供了高精度侧叉装载装置，并优化程序算法，实现了与生产线上下料装置及对接台精准无缝对接，准确高效地完成物料的侧向叉取和放置，同步达到±2mm的物料对接放置要求，并满足了客户洁净室的洁净度等级要求。

3.怡丰机器人——23台自然导航AGV/AMR协同搬运

原苏州的LED晶片工厂搬迁到盐城新厂房，导入生产管理系统及崭新的生产设备以实现工厂在生产制造过程中的信息化、智能化、自动化。在生产的物流环节采用自动导航AGV小车进行货物自动配送搬运。

在盐城LED项目中，怡丰应用了23台二维码导航潜伏顶升AGV，100多套呼叫终端，1套AGV调度系统，实现工厂内1000多台生产机台的物料配给和货物回收。在此项目中，怡丰潜伏顶升式AGV载重100 KG；23台AGV可同时运作调度，完成各自工序的搬运。整个生产过程AGV在WMS系统和AGV调度系统指令下按照生产的需求进行物料的精准配送环环相扣、统一调度，有序高效。

4.极智嘉——二维码+激光slam产品协同，实现线边库物料精准管理及配送

在柯尼卡美能达商用科技（东莞）仓库中，由于其物料种类繁多，拣货效率低，加上产品更新换代快，产线布局变化频繁，于是希望引入AMR解决方案来实现线边库物料精准管理，并使用AMR替换原有送料磁条式AGV，从而提升灵活性和运行效率。

此项目中，极智嘉使用其P800机器人“货到人”解决方案运用于线边仓，实现线边物料精准管理；并在产线运用M100机器人，自线边仓出库接料，自动完成线边物料配送。在导航方式上运用激光SLAM自然导航，灵活调整，无须现场反复改造。其高效智能的库存管理解决方案，在提升在库精度、降低物料管理成本的同时减少了仓储面积；极智嘉搬运管理系统GMS，自动接收送料指令，线边人员使用无线通信模块简易交互，实现了物料高效、可靠、安全的取放。

5.SEER（仙工智能）——从上层到下层，整套解决方案实现产线精准对接

应用端是世界电连接顶尖级专业厂家，在该公司的某一产品生产车间，需要将智能装配线与包装线进行对接。在本项目中，使用基于AMB的顶升辊筒机器人、基于AMB的后牵引机器人、呼叫PDA、一站式实施工具Roboshop Pro和SEER（仙工智能）企业数字化中台SEED等在内的整套解决方案，助力该客户解决了产线对接的问题。

SEER（仙工智能）先通过一站式实施工具Roboshop Pro完成地图构建，站点、路线及区域编辑；利用仙工智能企业数字化中台SEED对机器人进行调度部署并对接用户的MES系统，保证安排最合适的移动机器人完成仓库和加工工位之间的料架运输；另外，在仓库发料区和产线工位还配备有呼叫PDA，通过PDA进行呼叫，调度系统便会立即响应，基于AMB的潜伏牵引机器人完成仓库与产线的物料运输、基于AMB的顶升辊筒机器人完成车间产线对接。在产线区域则通过基于AMB的顶升辊筒机器人完成产线对接。

系列优秀案例的成功落地加快了市场培育进程，当前3C行业整体对移动机器人认知程度在不断提高，“手脚兼具”的复合型机器人也逐渐在3C行业打开了市场。未来，在广阔的3C领域，相信移动机器人大有用武之地。

第四章　机器人学习原理与智能化典型应用

机器学习是实现人工智能的一种途径。机器学习的概念来源于早期人工智能研究人员所开发的算法，包括决策树学习、归纳逻辑编程、增强学习和贝叶斯网络。简单来说，机器学习使用算法来分析数据，从中吸取教训，做出推论或预测。不同于传统的手写软件与特定的指令集，我们使用大量的数据和算法来“训练”机器，这就是机器学习。

第一节　人工智能原理及典型应用

AI全称是artificial intelligence，即人工智能，是研究、开发用于模拟、延伸和扩展人的智能的理论、方法、技术及应用系统的一门新的技术科学。AI对于企业、科研机构及政府机关而言是一个极具吸引力的概念。如果能由机器取代人力进行工作，则会产生巨大的经济效益。有效的AI解决方案可更为快速地进行“思考”，处理的信息远高于人类大脑。AI同时有助于扩展人类自身能力，让人类涉足之前无法企及的领域，如外太空。此外，也可推动人类专业技能在偏远地区的应用。

人工智能从诞生以来，理论和技术日益成熟，应用领域也不断扩大，可以设想，未来人工智能带来的科技产品，将会是人类智慧的“容器”。

人工智能是包含十分广泛的科学，它由不同的领域组成，如机器学习、计算机视觉等。计算机技术的飞速发展和计算机应用的日益普及，为人工智能的研究和应用奠定了良好的物质基础。人工智能的发展使计算机更加智能化，效率更高，更贴近人们。

一、人工智能学习的基本理论框架

（一）人工智能的发展历史

1956年夏，约翰·麦肯锡（John McCarthy）、马文·明斯基（Marvin Lee Minsky）等科学家在美国达特茅斯学院开会研讨“如何用机器模拟人的智能”，首次提出“人工智能（artificial intelligence，简称AI）”这一概念，标志着人工智能学科的诞生。

人工智能是研究开发能够模拟、延伸和扩展人类智能的理论、方法、技术及应用系统的一门新的技术科学，研究目的是促使智能机器会听（语音识别、机器翻译等）、会看（图像识别、文字识别等）、会说（语音合成、人机对话等）、会思考（人机对弈、定理证明等）、会学习（机器学习、知识表示等）、会行动（机器人、自动驾驶汽车等）。

人工智能的发展历程划分为以下六个阶段。

（1）起步发展期

1956年~20世纪60年代初。人工智能概念提出后，相继取得了一批令人瞩目的研究成果，如机器定理证明、跳棋程序等，掀起人工智能发展的第一个高潮。

（2）反思发展期

20世纪60年代~70年代初。人工智能发展初期的突破性进展大大提升了人们对人工智能的期望，人们开始尝试更具挑战性的任务，并提出了一些不切实际的研发目标。然而，接二连三的失败和预期目标的落空（例如，无法用机器证明两个连续函数之和还是连续函数、机器翻译闹出笑话等），使人工智能的发展走入低谷。

（3）应用发展期

20世纪70年代初~80年代中。20世纪70年代出现的专家系统模拟人类专家的知识和经验解决特定领域的问题，实现了人工智能从理论研究走向实际应用、从一般推理策略探讨转向运用专门知识的重大突破。专家系统在医疗、化学、地质等领域取得成功，推动人工智能走入应用发展的新高潮。

（4）低迷发展期

20世纪80年代中~90年代中。随着人工智能的应用规模不断扩大，专家系统存在的应用领域狭窄、缺乏常识性知识、知识获取困难、推理方法单一、缺乏分布式功能、难以与现有数据库兼容等问题逐渐暴露出来。

（5）稳步发展期

20世纪90年代中~2010年。由于网络技术特别是互联网技术的发展，加速了人工智能的创新研究，促使人工智能技术进一步走向实用化。1997年国际商业机器公司（简称IBM）深蓝超级计算机战胜了国际象棋世界冠军卡斯帕罗夫，2008年IBM提出“智慧地球”的概念。以上都是这一时期的标志性事件。

（6）蓬勃发展期

2011年至今。随着大数据、云计算、互联网、物联网等信息技术的发展，泛在感知数据和图形处理器等计算平台推动以深度神经网络为代表的人工智能技术飞速发展，大幅跨越了科学与应用之间的“技术鸿沟”，诸如图像分类、语音识别、知识问答、人机对弈、无人驾驶等人工智能技术实现了从“不能用、不好用”到“可以用”的技术突破，迎来爆发式增长的新高潮。

（二）人工智能基本流派

若从1956年正式提出人工智能学科算起，人工智能的研究发展已有60多年的历史。这期间，不同学科或学科背景的学者对人工智能做出了各自的理解，提出了不同的观点，由此产生了不同的学术流派。期间对人工智能研究影响较大的主要有符号主义、连接主义和行为主义三大学派。

1.符号主义

符号主义（symbolism）是一种基于逻辑推理的智能模拟方法，又称为逻辑主义（logicism）、心理学派（psychologism）或计算机学派（computerism），其原理主要为物理符号系统假设和有限合理性原理，长期以来，一直在人工智能中处于主导地位。

符号主义学派认为人工智能源于数学逻辑。数学逻辑从19世纪末起就获得迅速发展，到20世纪30年代开始用于描述智能行为。计算机出现后，又在计算机上实现了逻辑演绎系统。该学派认为人类认知和思维的基本单元是符号，而认知过程就是在符号表示上的一种运算。符号主义致力于用计算机的符号操作来模拟人的认知过程，其实质就是模拟人的左脑抽象逻辑思维，通过研究人类认知系统的功能机理，用某种符号来描述人类的认知过程，并把这种符号输入到能处理符号的计算机中，从而模拟人类的认知过程，实现人工智能。

2.连接主义

连接主义（connectionism）又称为仿生学派（bionicsism）或生理学派（physiologism）。是一种基于神经网络及网络间的连接机制与学习算法的智能模拟方法。其原理主要为神经网络和神经网络间的连接机制和学习算法。这一学派认为人工智能源于仿生学，特别是人脑模型的研究。

联结主义学派从神经生理学和认知科学的研究成果出发，把人的智能归结为人脑的高层活动的结果，强调智能活动是由大量简单的单元通过复杂的相互连接后并行运行的结果。其中人工神经网络就是其典型代表性技术。

3.行为主义

行为主义又称进化主义（evolutionism）或控制论学派（cyberneticsism），是一种基于“感知—行动”的行为智能模拟方法。

行为主义最早来源于20世纪初的一个心理学流派，认为行为是有机体用于适应环境变化的各种身体反应的组合，它的理论目标在于预见和控制行为。Weiner和Malloch等人提出的控制论和自组织系统以及钱学森等人提出的工程控制论和生物控制论，影响了许多领域。控制论把神经系统的工作原理与信息理论、控制理论、逻辑以及计算机联系起来。早期的研究工作重点是模拟人在控制过程中的智能行为和作用，对自寻优、自适应、自校正、自镇定、自组织和自学习等控制论系统的研究，并进行“控制动物”的研制。到六十、七十年代，上述这些控制论系统的研究取得一定进展，并在八十年代诞生了智能控制和智能机器人系统。

人工智能研究进程中的这三种假设和研究范式推动了人工智能的发展。就人工智能三大学派的历史发展来看，符号主义认为认知过程在本体上就是一种符号处理过程，人类思维过程可以用某种符号来进行描述，其研究是以静态、顺序、串行的数字计算模型来处理智能，寻求知识的符号表征和计算，它的特点是自上而下。而连接主义则是模拟发生在人类神经系统中的认知过程，提供一种完全不同于符号处理模型的认知神经研究范式。主张认知是相互连接的神经元的相互作用。行为主义与前两者均不相同。认为智能是系统与环境的交互行为，是对外界复杂环境的一种适应。这些理论与范式在实践中都形成了自己特有的问题解决方法体系，并在不同时期都有成功的实践范例。而就解决问题而言，符号主义有从定理机器证明、归结方法到非单调推理理论等一系列成就。而联结主义有归纳学习，行为主义有反馈控制模式及广义遗传算法等解题方法。它们在人工智能的发展中始终保持着一种经验积累及实践选择的证伪状态。

（三）人工智能的基本理论

1.大数据智能理论。研究数据驱动与知识引导相结合的人工智能新方法、以自然语言理解和图像图形为核心的认知计算理论和方法、综合深度推理与创意人工智能理论与方法、非完全信息下智能决策基础理论与框架、数据驱动的通用人工智能数学模型与理论等。

2.跨媒体感知计算理论。研究超越人类视觉能力的感知获取、面向真实世界的主动视觉感知及计算、自然声学场景的听知觉感知及计算、自然交互环境的言语感知及计算、面向异步序列的类人感知及计算、面向媒体智能感知的自主学习、城市全维度智能感知推理引擎。

3.混合增强智能理论。研究“人在回路”的混合增强智能、人机智能共生的行为增强与脑机协同、机器直觉推理与因果模型、联想记忆模型与知识演化方法、复杂数据和任务的混合增强智能学习方法、云机器人协同计算方法、真实世界环境下的情境理解及人机群组协同。

4.群体智能理论。研究群体智能结构理论与组织方法、群体智能激励机制与涌现机理、群体智能学习理论与方法、群体智能通用计算范式与模型。

5.自主协同控制与优化决策理论。研究面向自主无人系统的协同感知与交互、面向自主无人系统的协同控制与优化决策、知识驱动的人机物三元协同与互操作等理论。

6.高级机器学习理论。研究统计学习基础理论、不确定性推理与决策、分布式学习与交互、隐私保护学习、小样本学习、深度强化学习、无监督学习、半监督学习、主动学习等学习理论和高效模型。

7.类脑智能计算理论。研究类脑感知、类脑学习、类脑记忆机制与计算融合、类脑复杂系统、类脑控制等理论与方法。

8.量子智能计算理论。探索脑认知的量子模式与内在机制，研究高效的量子智能模型和算法、高性能高比特的量子人工智能处理器、可与外界环境交互信息的实时量子人工智能系统等。

（四）新一代人工智能的基础理论

聚焦人工智能重大科学前沿问题，以突破人工智能基础机理、模型和算法瓶颈为重点，重点布局可能引发人工智能范式变革的新一代人工智能基础理论研究，为人工智能持续发展与深度应用提供强大科学储备。

1.新一代神经网络模型

借鉴神经认知机理和机器学习数学方法等，开展神经网络模型非线性映射、网络结构自动演化、神经元和模块功能特异化、小样本学习/弱标签/无标签样本学习、可解释性等新理论和新方法的研究，本质性提升深度神经网络支撑解决现实人工智能问题的范围和能力。

2.面向开放环境的自适应感知

针对应用场景变换易导致智能系统性能急剧下降问题，发展适应能力强的层次化网络结构、可连续学习的机器学习策略及一般性效能度量方法，突破无监督学习、经验记忆利用、内隐知识发现与引导及注意力选择等难点，推动形成开放环境和变化场景下的通用型感知智能。

3. 跨媒体因果推断

研究基于跨媒体的人类常识知识形成的机器学习新方法，并在常识知识支持下对跨媒体数据进行自底向上的深度抽象和归纳，有效管控不确定性的自顶向下演绎和推理，建立逻辑推理、归纳推理和直觉顿悟相互协调补充的新模型和方法，实现跨媒体从智能的关联分析向常识知识支持下因果推断的飞跃。

4.非完全信息条件下的博弈决策

针对人类经济活动、人机对抗等非完全信息条件下的博弈特点，结合机器学习、控制论、博弈论等领域进展，研究不确定复杂环境下博弈对抗的动力学机制和优化决策模型，把对抗学习和强化学习与动态博弈论进行融合，实现非完全信息环境下任务导向的通用智能基础模型和动态博弈决策理论。

5.群智涌现机理与计算方法

研究开放、动态、复杂环境下的大规模群体协作的组织模式和激励机制，建立可表达、可计算、可调控的复合式激励算法，探索个体贡献汇聚成群体智能的涌现机理和演化规律，突破面向全局目标的群体智能演进方法和时空敏感的群体智能协同，实现可预知、可引导和可持续的群体智能涌现。

6.人在回路的混合增强智能

研究不确定性、脆弱性和开放性条件下的任务建模、环境建模和人类行为建模，发展人在回路的机器学习方法及混合增强智能评价方法，把人对复杂问题分析与响应的高级认知机制与机器智能系统紧密耦合，有效避免由于人工智能技术的局限性引发的决策风险和系统失控，实现复杂问题人机双向协作和求解收敛。

7.复杂制造环境下的人机物协同控制方法

面向离散制造业和流程工业中复杂多维度人机物协同问题，研究跨层、跨域的分布式网络化协同控制方法，突破人机物三元协同决策与优化理论，实现人机物的虚实融合与动态调度，探索无人加工生产线的重构及人机共融智能交互，为智能工厂发展模式探索和标准体系的建立提供理论与方法支撑。

二、机器学习的分类

（一）基于学习策略的分类

学习策略是指学习过程中对等系统的推理策略。学习系统始终由两部分组成，即学习和环境。通过向环境提供信息（如书籍或教师），学习部分实现信息的转换，以可理解的形式记住它，并从中获取有用的信息。在学习过程中，学生（学习部分）使用较少的推理，他对教师（环境）的依赖，对教师的负担将会更大。学习策略的分类标准是基于学生需要实现信息转换所需的推理和困难程度，简单到复杂，以下六种基本类型分为顺序从少到多 。

1.机械学习

学习者不需要任何推理或其他知识转换来直接吸收环境提供的信息。像塞缪尔（Arthur Samuel）的跳棋程序。此类学习系统主要考虑如何对存储的知识进行索引和利用。该系统的学习方法是通过编程和构建程序直接学习。学习者不做任何工作，或者通过直接接受既定的事实和数据来学习，输入信息不做任何推论。

2.教与学

学生从环境中获取信息（教师或其他信息来源，如课本），将知识转换为内部可用的表示，并有机地集成新知识和原始知识。因此，学生要求具备一定的推理能力，但环境还需要做很多工作。教师以某种形式带来和组织知识，使学生的知识水平能够不断提高。这种学习方法与人类社会的学校教学方式相似，学习的任务是建立一个系统，使其能够接受指导和建议，并有效地存储和应用所学的知识。目前，许多专家系统在建立知识库时都采用这种方法实现知识获取。

3.演绎学习

学生使用的推理形式是演绎推理。推理是以公理为基础的，通过逻辑变换推导得出结论。这种推理是一个“保真”转化和特异性的过程，使学生在推理过程中获得有用的知识。这种学习方法包括宏操作学习、知识编辑和组块技术。演绎推理的逆向过程是归纳推理。

4.类比学习

利用两个不同领域（源域、目标域）的知识相似性，可以从源域（包括相似特性和其他属性）的知识中推断出目标域的相应知识，以实现学习。类比学习系统可以将现有的计算机应用系统转化为一个新的领域，以完成以前没有设计过的类似功能。类比学习比上面提到的三种学习方法需要更多的推理。通常需要知识源（源域） 来检索可用的知识，然后将其转换为新的表单（目标域）。类比学习在人类科技发展中起着重要的作用，许多科学发现都是通过类比获得的。

5.归纳学习

归纳学习是教师或环境所提供概念的一个例子，使学生可以通过归纳推理对概念进行一般描述。在这项研究中，推理的工作远远超过教学和演绎学习，因为环境不提供一般的概念描述（例如公理）。归纳学习的推论在一定程度上也大于类比学习的推理。因为没有类似的概念可以用作“源概念”。归纳学习是最基本、发展较成熟的学习方法，在人工智能领域里得到了广泛的研究和应用。

（二）基于后天知识表示的分类

学习系统获得的知识可能具有行为规则、物理对象描述、问题解决策略、各种分类以及任务执行的其他知识类型。为了学习获取知识，主要有以下形式的代表性。

1.代数表达式参数

学习的目的是以固定函数的形式调整代数表达式参数或系数，以达到理想的性能。

2.决策树

决策树用于对对象的属性进行分类。树中的每个内部节点对应于一个对象的属性，并且每个边对应于这些属性的可选值，并且树的叶节点对应于对象的每个基本分类。

3.正式语法

在特定语言的学习中，语言的形式语法是通过在语言中推广一系列表达来形成的。

4.生产规则

生产规则表示为条件—动作，已被广泛使用。学习系统中的学习行为主要有生成、泛化、特异性或生产规则的合成。

5.形式化逻辑表达式

形式化逻辑表达式的基本组成是命题、谓词、变量、约束变量范围和嵌入逻辑表达式的表述。

6.图表和网络

一些系统使用图匹配和图转换方式来有效地比较和索引知识。

7.框架和模式

每个框架都包含一组插槽。用来描述事物的方方面面（概念和个人）。

8.计算机程序和其他程序代码

获取这种形式的知识是为了实现特定过程的能力，而不是推断过程的内部结构。

9.神经网络

这主要用于连接学习。学习获得的知识最终被归纳为神经网络。

（三）按申请地区分类

主要应用领域有专家系统、认知仿真、规划与问题解决、数据挖掘、网络信息服务、图像识别、故障诊断、自然语言理解、机器人和游戏等。

从机器学习执行部分所反映的任务类型，大部分应用研究领域主要集中在以下两个方面：分类和问题解决。

（1）分类任务要求系统根据已知的分类知识分析输入未知模式（描述模式），以确定输入模式的类属。相应的学习目标是学习分类标准（如分类规则）。

（2）问题求解器任务需要给定的目标状态。查找将当前状态转换为目标状态的操作序列。机器学习在这个领域的大部分研究工作都集中在学习上，以提高知识的解题效率（如搜索控制知识，启发式知识等）。

三、人工智能的主要应用

人工智能不仅解释了人类和其他动物的智能行为，而且指导了智能系统的设计。目前，人工智能的主要应用有以下多种。

1.无人驾驶汽车

无人驾驶汽车是智能汽车的一种，也称为轮式移动机器人，主要依靠车内以计算机系统为主的智能驾驶控制器来实现无人驾驶。无人驾驶中涉及的技术包含多个方面，例如计算机视觉、自动控制技术等。

美国、英国、德国等发达国家从20世纪70年代开始就投入到无人驾驶汽车的研究中，中国从20世纪80年代起也开始了无人驾驶汽车的研究。

2005年，一辆名为Stanley的无人驾驶汽车以平均40 km/h的速度跑完了美国莫哈维沙漠中的野外地形赛道，用时6小时53分58秒，完成了约282 km的驾驶里程。

Stanley是由一辆大众途锐汽车经过改装而来的，由大众汽车技术研究部、大众汽车集团下属的电子研究工作实验室及斯坦福大学一起合作完成，其外部装有摄像头、雷达、激光测距仪等装置来感应周边环境，内部装有自动驾驶控制系统来完成指挥、导航、制动和加速等操作。

2006年，卡内基·梅隆大学又研发了无人驾驶汽车Boss，Boss能够按照交通规则安全地驾驶通过附近有空军基地的街道，并且会避让其他车辆和行人。

近年来，伴随着人工智能浪潮的兴起，无人驾驶成为人们热议的话题，国内外许多公司都纷纷投入到自动驾驶和无人驾驶的研究中。如，谷歌的谷歌X实验室正在积极研发无人驾驶汽车谷歌 Driverless Car，百度也已启动了“百度无人驾驶汽车”研发计划，其自主研发的无人驾驶汽车Apollo还曾亮相2018年央视春晚。

2.人脸识别

人脸识别也称人像识别、面部识别，是基于人的脸部特征信息进行身份识别的一种生物识别技术。人脸识别涉及的技术主要包括计算机视觉、图像处理等。

人脸识别系统的研究始于20世纪60年代，之后，随着计算机技术和光学成像技术的发展，人脸识别技术水平在20世纪80年代得到不断提高。在20世纪90年代后期，人脸识别技术进入初级应用阶段。目前，人脸识别技术已广泛应用于多个领域，如金融、司法、公安、边检、航天、电力、教育、医疗等。

有一个关于人脸识别技术应用的有趣案例：张学友获封“逃犯克星”，因为警方利用人脸识别技术在其演唱会上多次抓到了在逃人员。2018年4月7日，张学友南昌演唱会刚刚开始，看台上一名粉丝已经被警方带离现场。实际上，他是一名逃犯，安保人员通过人像识别系统锁定了在看台上的他。2018年

5月20日，张学友嘉兴演唱会上，犯罪嫌疑人于某在通过安检门时被人脸识别系统识别出是逃犯，随后被警方抓获。随着人脸识别技术的进一步成熟和社会认同度的提高，其将应用在更多领域，给人们的生活带来更多改变。

3.机器翻译

机器翻译是计算语言学的一个分支，是利用计算机将一种自然语言转换为另一种自然语言的过程。机器翻译用到的技术主要是神经机器翻译技术（Neural Machine Translation，NMT），该技术当前在很多语言上的表现已经超过人类。

随着经济全球化进程的加快及互联网的迅速发展，机器翻译技术在促进政治、经济、文化交流等方面的价值凸显，也给人们的生活带来了许多便利。例如我们在阅读英文文献时，可以方便地通过有道翻译、谷歌翻译等网站将英文转换为中文，免去了查字典的麻烦，提高了学习和工作的效率。

4.声纹识别

生物特征识别技术包括很多种，除了人脸识别，目前用得比较多的有声纹识别。声纹识别是一种生物鉴权技术，也称为说话人识别，包括说话人辨认和说话人确认。

声纹识别的工作过程是系统采集说话人的声纹信息并将其录入数据库，当说话人再次说话时，系统会采集这段声纹信息并自动与数据库中已有的声纹信息做对比，从而识别出说话人的身份。

相比于传统的身份识别方法（如钥匙、证件），声纹识别具有抗遗忘、可远程的鉴权特点，在现有算法优化和随机密码的技术手段下，声纹也能有效防录音、防合成，因此，安全性高、响应迅速且识别精准。

同时，相较于人脸识别、虹膜识别等生物特征识别技术，声纹识别技术具有可通过电话信道、网络信道等方式采集用户的声纹特征的特点，因此，其在远程身份确认上极具优势。

目前，声纹识别技术有声纹核身、声纹锁和黑名单声纹库等多项应用案例，可广泛应用于金融、安防、智能家居等领域，落地场景丰富。

5.智能客服机器人

智能客服机器人是一种利用机器模拟人类行为的人工智能实体形态，它能够实现语音识别和自然语义理解，具有业务推理、话术应答等能力。

当用户访问网站并发出会话时，智能客服机器人会根据系统获取的访客地址、IP和访问路径等，快速分析用户意图，回复用户的真实需求。同时，智能客服机器人拥有海量的行业背景知识库，能对用户咨询的常规问题进行标准回复，提高应答准确率。

智能客服机器人广泛应用于商业服务与营销场景，为客户解决问题、提供决策依据。同时，智能客服机器人在应答过程中，可以结合丰富的对话语料进行自适应训练，因此，其在应答话术上将变得越来越精确。

随着智能客服机器人的垂直发展，它已经可以深入解决很多企业的细分场景下的问题。比如电商企业面临的售前咨询问题，对大多数电商企业来说，用户所咨询的售前问题普遍围绕价格、优惠、货品来源渠道等主题，传统的人工客服每天都会对这几类重复性的问题进行回答，导致无法及时为存在更多复杂问题的客户群体提供服务。

而智能客服机器人可以针对用户的各类简单、重复性高的问题进行解答，还能为用户提供全天候的咨询应答、解决问题的服务，它的广泛应用也大大降低了企业的人工客服成本。

6.智能外呼机器人

智能外呼机器人是人工智能在语音识别方面的典型应用，它能够自动发起电话外呼，以语音合成的自然人声形式，主动向用户群体介绍产品。

在外呼期间，它可以利用语音识别和自然语言处理技术获取客户意图，而后采用针对性话术与用户进行多轮交互会话，最后对用户进行目标分类，并自动记录每通电话的关键点，以成功完成外呼工作。

从2018年年初开始，智能外呼机器人呈现出井喷式兴起状态，它能够在互动过程中不带有情绪波动，并且自动完成应答、分类、记录和追踪，助力企业完成一些烦琐、重复和耗时的操作，从而解放人工，减少大量的人力成本和重复劳动力，让员工着力于目标客群，进而创造更高的商业价值。当然智能外呼机器人也带来了另一面，即会对用户造成频繁地打扰。

基于维护用户的合法权益，促进语音呼叫服务端健康发展，2020年8月31日工信部下发了《通信短信息和语音呼叫服务管理规定（征求意见稿）》，意味着未来的外呼服务，无论人工还是人工智能，都需要持证上岗，而且还要在监管下进行，这也对智能外呼机器人的用户体验和服务质量提出了更高的要求。

7.智能音箱

智能音箱是语音识别、自然语言处理等人工智能技术的电子产品类应用与载体，随着智能音箱的迅猛发展，其也被视为智能家居的未来入口。究其本质，智能音箱就是能完成对话环节的拥有语音交互能力的机器。通过与它直接对话，家庭消费者能够完成自助点歌、控制家居设备和唤起生活服务等操作。

支撑智能音箱交互功能的前置基础主要包括将人声转换成文本的自动语音识别（automatic speech recognition，简称ASR）技术，对文字进行词性、句法、语义等分析的自然语言处理（natural language processing，简称NLP）技术，以及将文字转换成自然语音流的语音合成（text to speech，简称TTS）技术。

在人工智能技术的加持下，智能音箱也逐渐以更自然的语音交互方式创造出更多家庭场景下的应用。

8.个性化推荐

个性化推荐是一种基于聚类与协同过滤技术的人工智能应用，它建立在海量数据挖掘的基础上，通过分析用户的历史行为建立推荐模型，主动给用户提供匹配他们的需求与兴趣的信息，如商品推荐、新闻推荐等。

个性化推荐既可以为用户快速定位需求产品，弱化用户被动消费意识，提升用户兴致和留存黏性，又可以帮助商家快速引流，找准用户群体与定位，做好产品营销。

个性化推荐系统广泛存在于各类网站和App中，本质上，它会根据用户的浏览信息、用户基本信息和对物品或内容的偏好程度等多因素进行考量，依托推荐引擎算法进行指标分类，将与用户目标因素一致的信息内容进行聚类，经过协同过滤算法，实现精确的个性化推荐。

9.医学图像处理

医学图像处理是目前人工智能在医疗领域的典型应用，它的处理对象是由各种不同成像机理，如在临床医学中广泛使用的核磁共振成像、超声成像等生成的医学影像。

传统的医学影像诊断，主要通过观察二维切片图去发现病变体，这往往需要依靠医生的经验来判断。而利用计算机图像处理技术，可以对医学影像进行图像分割、特征提取、定量分析和对比分析等工作，进而完成病灶识别与标注，针对肿瘤放疗环节的影像的靶区自动勾画，以及手术环节的三维影像重建。

该应用可以辅助医生对病变体及其他目标区域进行定性甚至定量分析，从而大大提高医疗诊断的准确性和可靠性。另外，医学图像处理在医疗教学、手术规划、手术仿真、各类医学研究、医学二维影像重建中也起到重要的辅助作用。

10.图像搜索

图像搜索是近几年用户需求日益旺盛的信息检索类应用，分为基于文本和内容的两类搜索方式。传统的图像搜索只识别图像本身的颜色、纹理等要素，基于深度学习的图像搜索还会计入人脸、姿态、地理位置和字符等语义特征，针对海量数据进行多维度的分析与匹配。

该技术的应用与发展，不仅是为了满足当下用户利用图像匹配搜索以顺利查找到相同或相似目标物的需求，更是为了通过分析用户的需求与行为，如搜索同款、相似物比对等，确保企业的产品迭代和服务升级在后续工作中更加聚焦。

当前，人工智能在不少应用场景中还将出现洗牌的可能，比如已成红海的安防，仍然面临诸多困难的自动驾驶。即便是成熟度相对较高的应用场景中，如医疗、交通，也面临着真正变现的压力。5G商业化，让智能家居、智慧城市、智能教育等看到新契机，对人工智能应用而言，新的探索仍然在等着我们。

第二节　深度学习原理及典型应用

深度学习（deep learning，简称DL）是机器学习（machine learning，简称ML）领域中一个新的研究方向，它被引入机器学习使其更接近于最初的目标——人工智能（AI）。它是人工神经网络研究的概念。

一、机器学习

1.人工智能与机器学习

每当一台机器根据一组预先定义的解决问题的规则来完成任务时，这种行为就被称为人工智能。开发人员引入了大量计算机需要遵守的规则。计算机内部存在一个可能行为的具体清单，它会根据这个清单做出决定。

如今，人工智能是一个概括性术语，涵盖了从高级算法到实际机器人的所有内容。AI有两种不同的层次。

（1）弱人工智能，也被称为狭义人工智能，是一种为特定的任务而设计和训练的人工智能系统。弱人工智能的形式之一是虚拟个人助理，比如苹果公司的Siri。

（2）强人工智能，又称人工通用智能，是一种具有人类普遍认知能力的人工智能系统。当计算机遇到不熟悉的任务时，它具有足够的智能去寻找解决方案。

机器学习是指计算机使用大数据集而不是用编码规则来学习的能力。机器学习允许计算机自己学习。这种学习方式利用了现代计算机的处理能力，可以轻松地处理大型数据集。基本上，机器学习是人工智能的一个子集，更为具体地说，它只是一种实现AI的技术，一种训练算法的模型，这种算法使得计算机能够学习如何做出决策。从某种意义上来说，机器学习程序根据计算机所接触的数据来进行自我调整。

2.监督式学习vs非监督式学习

监督式学习需要使用有输入和预期输出标记的数据集。当你使用监督式学习训练人工智能时，你需要提供一个输入并告诉它预期的输出结果。如果人工智能产生的输出结果是错误的，它将重新调整自己的计算。这个过程将在数据集上不断迭代地完成，直到AI不再出错。

监督式学习的一个例子是天气预报人工智能。它学会利用历史数据来预测天气。训练数据包含输入（过去天气的压力、湿度、风速）和输出（过去天气的温度）。

我们还可以想象您正在提供一个带有标记数据的计算机程序。例如，如果指定的任务是使用一种图像分类算法对男孩和女孩的图像进行分类，那么男孩的图像需要带有“男孩”标签，女孩的图像需要带有“女孩”标签。这些数据被认为是一个“训练”数据集，直到程序能够以可接受的速率成功地对图像进行分类，以上的标签才会失去作用。

它之所以被称为监督式学习，是因为算法从训练数据集学习的过程就像是一位老师正在监督学习。在我们预先知道正确的分类答案的情况下，算法对训练数据不断地进行迭代预测，然后预测结果由“老师”进行不断的修正。当算法达到可接受的性能水平时，学习过程才会停止。

非监督式学习是利用既不分类也不标记的信息进行机器学习，并允许算法在没有指导的情况下对这些信息进行操作。当你使用非监督式学习训练人工智能时，你可以让人工智能对数据进行逻辑分类。这里机器的任务是根据相似性、模式和差异性对未排序的信息进行分组，而不需要事先对数据进行处理。

非监督式学习的一个例子是亚马孙等电子商务网站的行为预测AI。它将创建自己输入数据的分类，帮助亚马孙识别哪种用户最有可能购买不同的产品（交叉销售策略）。另一个例子是，程序可以任意地使用以下两种算法中的一种来完成男孩女孩的图像分类任务。一种算法被称为“聚类”，它根据诸如头发长度、下巴大小、眼睛位置等特征将相似的对象分到同一个组。另一种算法被称为“相关”，它根据自己发现的相似性创建if - then规则。换句话说，它确定了图像之间的公共模式，并相应地对它们进行分类。

二、深度学习

深度学习是一种机器学习方法，可以用来训练人工智能，是人工智能研究的方向之一。以所谓“专家系统”为代表的用大量“如果—就”（if - then）规则定义的是自上而下的思路；而人工神经网络（Artificial Neural Network，简称ANN）则标志着另外一种自下而上的思路。深度学习作为一个人工神经网络研究的概念，并没有严格的正式定义，它的基本特点是试图模仿大脑的神经元之间传递、处理信息的模式。

（一）自编码神经网络

自编码神经网络是一种无监督学习算法，它使用了反向传播算法，并让目标值等于输入值，它是一种尽可能复现输入信号的神经网络。为了实现这种复现，自动编码器就必须捕捉可以代表输入数据的最重要的因素，就像PCA那样，找到可以代表原信息的主要成分。

AutoEncoder算法的思路如下：

1.给定无标签数据，用非监督式学习特征：

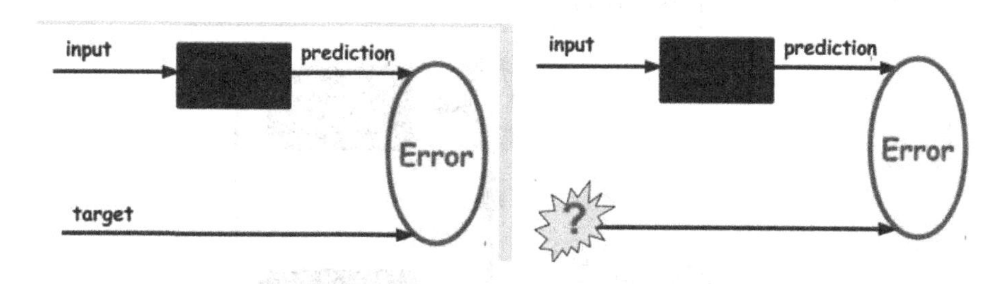

图4-1　Auto Encoder算法思路（1）

在我们之前的神经网络中，如第一个图，我们输入的样本是有标签的，即（input，target），这样我们根据当前输出和target（label）之间的差去改变前面各层的参数，直到收敛。但现在我们只有无标签数据，也就是右边的图。那么这个误差怎么得到呢？

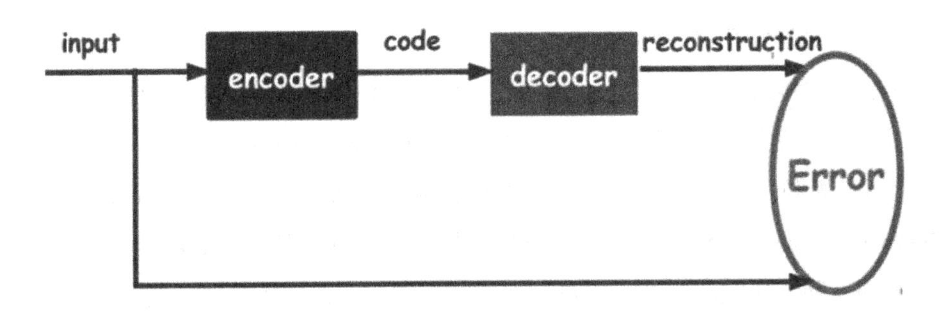

图4-2 Auto Encoder算法思路（2）

如图4-2，我们将input输入一个encoder编码器，就会得到一个code，这个code也就是输入的一个表示，那么我们怎么知道这个code表示的就是input呢？我们加一个decoder解码器，这时候decoder就会输出一个信息，那么如果输出的这个信息和一开始的输入信号input是很像的（理想情况下就是一样的），那很明显，我们就有理由相信这个code是靠谱的。所以，我们就通过调整encoder和decoder的参数，使得重构误差最小，这时候我们就得到了输入input信号的第一个表示了，也就是编码code了。因为是无标签数据，所以误差的来源就是直接重构后与原输入相比得到。

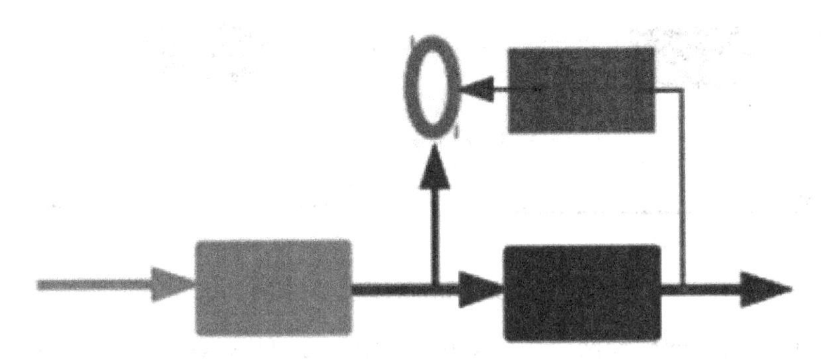

图4-3 Auto Encoder算法思路（3）

2.通过编码器产生特征，然后训练下一层。

这样逐层训练：那上面我们就得到第一层的code，我们的重构误差最小让我们相信这个code就是原输入信号的良好表达了，或者牵强点说，它和原信号是一模一样的（表达不一样，反映的是一个东西）。那第二层和第一层的训练方式就没有差别了，我们将第一层输出的code当成第二层的输入信号，同样最小化重构误差，就会得到第二层的参数，并且得到第二层输入的code，也就是原输入信息的第二个表达了。其他层就同样的方法炮制就行了（训练这一层，前面层的参数都是固定的，并且他们的decoder已经没用了，都不需要了）。

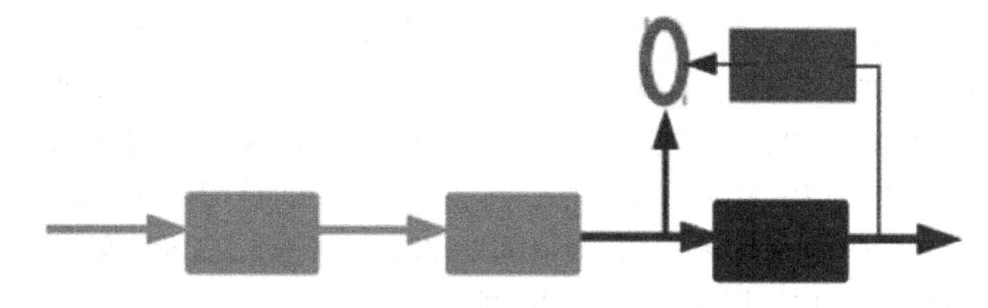

图4-4　Auto Encoder算法思路（4）

3.有监督微调：

经过上面的方法，我们就可以得到很多层了。至于需要多少层（或者深度需要多少，这个目前本身就没有一个科学的评价方法）需要自己试验调了。每一层都会得到原始输入的不同表达。当然了，我们觉得它是越抽象越好了，就像人的视觉系统一样。到这里，这个Auto Encoder还不能用来分类数据，因为它还没有学习如何去联结一个输入和一个类。它只是学会了如何去重构或者复现它的输入而已。或者说，它只是学习获得了一个可以良好代表输入的特征，这个特征可以最大程度上代表原输入信号。那么，为了实现分类，我们就可以在Auto Encoder的最顶的编码层添加一个分类器（例如罗杰斯特回归、SVM等），然后通过标准的多层神经网络的监督训练方法（梯度下降法）去训练。也就是说，这时候，我们需要将最后层的特征code输入到最后的分类器，通过有标签样本，通过监督学习进行微调，这也分两种：一个是只调整分类器（黑色部分），另一种是通过有标签样本，微调整个系统（如果有足够多的数据，这个是最好的）。

（二）自组织编码深度网络

自组织映射神经网络，即（self-organizing map，简称SOM），可以对数据进行无监督学习聚类。

SOM是一种比较简单的神经网络，他不像BP神经网络那样具有三层结构，他只包含输入层和输出层（或称作映射层），由于没有中间的隐藏层（一般视为黑匣子），所以SOM映射之后的输出保持输入数据原有的拓扑结构，SOM正因为这么一个优点而被应用在数据处理方面。

SOM是一种无监督的聚类方法。它模拟人脑中处于不同区域的神经细胞分工不同的特点，即不同区域具有不同的响应特征，而且这一过程是自动完成的。自组织映射网络通过寻找最优参考矢量集合来对输入模式集合进行分类。每个参考矢量为一输出单元对应的连接权向量。与传统的模式聚类方法相比，它所形成的聚类中心能映射到一个曲面或平面上，而保持拓扑结构不变。对于未知聚类中心的判别问题可以用自组织映射来实现。

它的思想很简单，本质上是一种只有输入层–隐藏层的神经网络。隐藏层中的一个节点代表一个需要聚成的类。训练时采用“竞争学习”的方式，每个输入的样例在隐藏层中找到一个和它最匹配的节点，称为它的激活节点，也叫“winning neuron”。紧接着用随机梯度下降法更新激活节点的参数。同时，和激活节点临近的点也根据它们距离激活节点的远近而适当地更新参数。SOM算法细节主要是分为两个步骤。（1）选择获胜神经元，（2）更新获胜神经元以及邻接神经元的权值。

因为神经网络是模拟人脑的结构以及处理事物的方法，而脑科学研究表明，相邻较近的神经元之间可以互相激励，所以在SOM学习的过程中，不仅仅是对获胜神经元进行奖励，同时也对邻接神经元进行奖励。

那么这个邻接神经元怎么确定？什么样的是邻接的呢？首先以获胜神经元j为中心设定一个邻域半径，对于邻域半径先有一个初始化的值r，以j为中心，以r为半径的区域（可能是四边形、六边形等）内的神经元都算作是邻接神经元，然后随着学习的进行，会调整邻域函数里面的参数，使得这个邻域半径一点一点变小，直到学习结束。

（三）卷积神经网络模型

卷积神经网络（Convolutional Neural Networks，以下简称CNN）是最为成功地DNN特例之一。CNN广泛地应用于图像识别，当然现在也应用于NLP等其他领域，本文我们就对CNN的模型结构做一个总结。

1. CNN的基本结构

首先我们来看看CNN的基本结构。一个常见的CNN例子如下图所示。

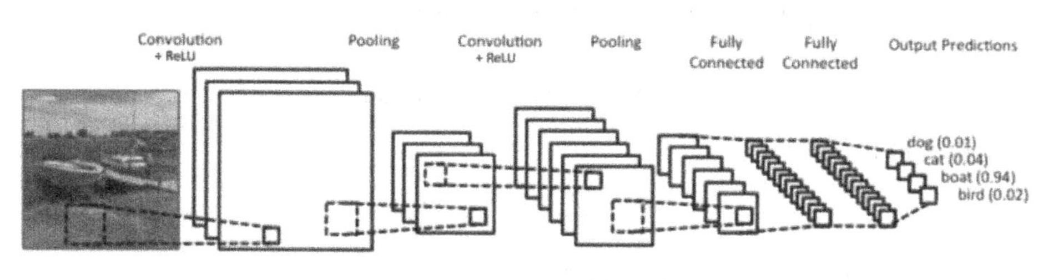

图4-5 CNN模型

图中是一个图形识别的CNN模型。可以看出最左边的船的图像就是我们的输入层，计算机理解为输入若干个矩阵，这点和DNN基本相同。

接着是卷积层（Convolutional Layer），这个是CNN特有的，我们后面专门来讲。卷积层的激活函数使用的是ReLU。我们在DNN中介绍过ReLU的激活函数，它其实很简单，就是ReLU（x）=max（0，x）

ReLU（x）=max（0，x）。在卷积层后面是池化层（Pooling Layer），这个也是CNN特有的，我们后面也会专门来讲。需要注意的是，池化层没有激活函数。

卷积层+池化层的组合可以在隐藏层出现很多次，上图中出现两次。而实际上这个次数是根据模型的需要而来的。当然我们也可以灵活使用“卷积层+卷积层”，或者“卷积层+卷积层+池化层”的组合，这些在构建模型的时候没有限制。但是最常见的CNN都是若干卷积层+池化层的组合，如上图中的CNN结构。

在若干卷积层+池化层后面是全连接层（Fully Connected Layer，简称FC），全连接层其实就是我们前面讲的DNN结构，只是输出层使用了Softmax激活函数来做图像识别的分类，这点我们在DNN中也有讲述。

从上面CNN的模型描述可以看出，CNN相对于DNN，比较特殊的是卷积层和池化层，如果我们熟悉DNN，只要把卷积层和池化层的原理搞清楚了，那么搞清楚CNN就容易很多了。

2.卷积简述

首先，我们去学习卷积层的模型原理，在学习卷积层的模型原理前，我们需要了解什么是卷积，以及CNN中的卷积是什么样子的。大家学习数学时都有学过卷积的知识，微积分中卷积的表达式为：

$$S(t)=\int x(t-a)w(a)da$$

离散形式是：

$$s(t)=\sum_{a}x(t-a)w(a)$$

这个式子如果用矩阵表示可以为：

$$s(t)=(X*W)(t)$$

其中星号表示卷积。

如果是二维的卷积，则表示式为：

$$s(i,j)=(X*W)(i,j)=\sum_{m}\sum_{n}x(i-m,j-n)w(m,n)$$

在CNN中，虽然我们也是说卷积，但是我们的卷积公式和严格意义数学中的定义稍有不同，比如对于二维的卷积，定义为：

$$s(i,j)=(X*W)(i,j)=\sum_{m}\sum_{n}x(i+m,j+n)w(m,n)$$

后面讲的CNN的卷积都是指的上面的最后一个式子。其中，我们叫W为我们的卷积核，而X则为我们的输入。如果X是一个二维输入的矩阵，而W也是一个二维的矩阵。但是如果X是多维张量，那么W也是一个多维的张量。

3. CNN中的卷积层

有了卷积的基本知识，我们现在来看看CNN中的卷积，假如是对图像卷积，回想我们的上一节的卷积公式，其实就是对输入图像的不同局部的矩阵和卷积核矩阵各个位置的元素相乘，然后相加得到。

举个例子如下，图中的输入是一个二维的3×4的矩阵，而卷积核是一个2×2的矩阵。这里我们假设卷积是一次移动一个像素来卷积的，那么首先我们对输入的左上角2×2局部和卷积核卷积，即各个位置的元素相乘再相加，得到的输出矩阵 S 的 S_{00} 的元素，值为$aw+bx+ey+fz$ $aw+bx+ey+fz$。接着我们将输入的局部向右平移一个像素，现在是（b，c，f，g）四个元素构成的矩阵和卷积核来卷积，这样我们得到了输出矩阵S的 S01的元素，同样的方法，我们可以得到输出矩阵 S 的 S_{02}，S_{10}，S_{11}，S_{12} 的元素。

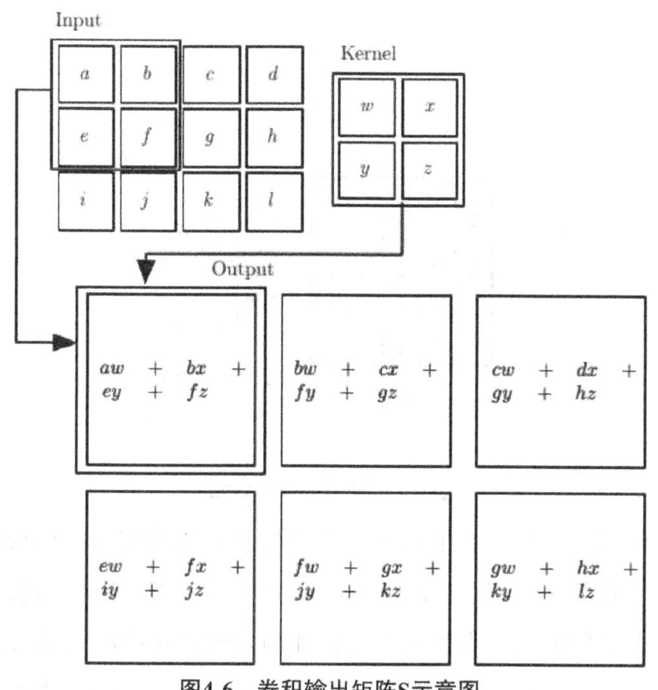

图4-6　卷积输出矩阵S示意图

最终我们得到卷积输出的矩阵为一个2 × 3的矩阵S。

再举一个动态的卷积过程的例子如下。

我们有下面这个绿色的5 × 5输入矩阵，卷积核是一个下面这个黄色的3 × 3的矩阵。卷积的步幅是一个像素。则卷积的过程如下面的动图。卷积的结果是一个3 × 3的矩阵。

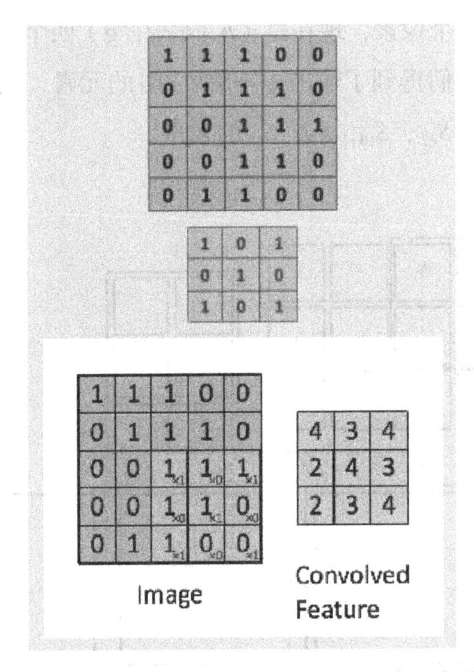

图4-7 卷积过程示意图

上面举的例子都是二维的输入，卷积的过程比较简单，那么如果输入是多维的呢？比如在前面一组卷积层+池化层的输出是3个矩阵，这3个矩阵作为输入呢，那么我们怎么去卷积呢？又比如输入的是对应RGB的彩色图像，即是三个分布对应R、G和B的矩阵呢？在斯坦福大学的cs231n的课程中有详细讲解。即输入3个7×7的矩阵，实际上原输入是3个5×5的矩阵，只是在原来的输入周围加上了1的padding，将周围都填充一圈的0，变成了3个7×7的矩阵。再使用两个卷积核，我们先关注卷积核W0。和上面的例子相比，由于输入是3个7×7的矩阵，或者说是7×7×3的张量，则我们对应的卷积核W0也必须最后一维是3的张量，这里卷积核W0的单个子矩阵维度为3×3。那么卷积核W0实际上是一个3×3×3的张量。同时和上面的例子比，这里的步幅为2，也就是每次卷积后会移动2个像素的位置。最终的卷积过程和上面的二维矩阵类似，上面是矩阵的卷积，即两个矩阵对应位置的元素相乘后相加。这里是张量的卷积，即两个张量的3个子矩阵卷积后，再把卷积的结果相加，然后再加上偏倚b。7×7×3的张量和3×3×3的卷积核张量W0卷积的结果是一个3×3的矩阵。

由于我们有两个卷积核W0和W1，因此，最后卷积的结果是两个3×3的矩阵，或者说卷积的结果是一个$3 \times 3 \times 2$的张量。仔细回顾卷积的过程，输入的是$7 \times 7 \times 3$的张量，卷积核是两个$3 \times 3 \times 3$的张量，卷积步幅为2，最后得到了输出是$3 \times 3 \times 2$的张量。如果把上面的卷积过程用数学公式表达出来就是：

$$s(i,j) = (X * W)(i,j) + b = \sum_{k=1}^{n\_in} (X_k + W_k)(i,j) + b$$

其中，n_in 为输入矩阵的个数，或者是张量的最后一维的维数。X_k 代表第 k 个输入矩阵。W_k 代表卷积核的第 k 个子卷积核矩阵。$S(i, j)$，即卷积核W对应的输出矩阵的对应位置元素的值。通过以上讲解，相信大家对CNN的卷积层的卷积过程有了一定的了解。对于卷积后的输出，一般会通过ReLU激活函数，将输出的张量中的小于0的位置对应的元素值都变为0。

4.CNN中的池化层

相比卷积层的复杂，池化层则要简单得多，所谓的池化，个人理解就是对输入张量的各个子矩阵进行压缩。假如是2×2的池化，那么就将子矩阵的每2×2个元素变成一个元素，如果是3×3的池化，那么就将子矩阵的每3×3个元素变成一个元素，这样输入矩阵的维度就变小了。

要想将输入子矩阵的每 $n \times n$ 个元素变成一个元素，那么需要一个池化标准。常见的池化标准有2个，MAX或者是Average。即取对应区域的最大值或者平均值作为池化后的元素值。下面这个例子采用取最大值的池化方法，同时采用的是2×2的池化，步幅为2。

首先对红色2×2区域进行池化，由于此2×2区域的最大值为6。那么对应的池化输出位置的值为6，由于步幅为2，此时移动到绿色的位置去进行池化，输出的最大值为8。同样的方法，可以得到黄色和蓝色区域的输出值。最终，我们的输入4x4的矩阵在池化后变成了2×2的矩阵，进行了压缩。

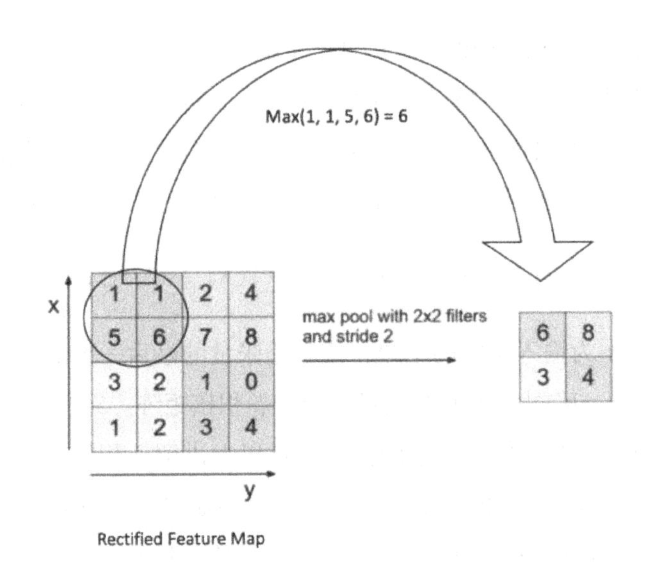

图4-8 池化方法示意图

5.CNN模型结构小结

理解了CNN模型中的卷积层和池化层，就基本理解了CNN的基本原理，后面再去理解CNN模型的前向传播算法和反向传播算法就容易了。

三、最常见的深度学习应用

深度学习技术在人工智能领域目前占有绝对的统治地位，因为相比于传统的机器学习算法而言，深度学习在某些领域展现了最接近人类所期望的智能效果，同时也在悄悄地走进我们的生活，例如刷脸支付、语音识别、智能翻译、汽车上的智能辅助驾驶等。

1.计算机视觉

（1）图像识别：图像识别是最早深度学习的应用领域之一，其本质是一个图像分类问题，早在神经网络刚刚出现的时候，美国人就实现了对手写数字的识别，并进行了商业化，基本的原理就是输入图像，输出为该图像属于每个类别的概率。例如，输入一种狗的图片，我们就期望其输出属于狗这个类别的概率值最大，这样我们就可以认为这张图片拍的是一个狗。经典的图像识别的网络有VGG系列、Inception系列、ResNet系列等。

（2）目标检测：目标检测就是通过深度学习网络的训练和学习，能够自动找到图片中目标的大致位置，通常用一个矩形边界框来表示，并将边界框所包含的目标进行图像分类，目前比较优秀的目标检测算法有：YOLO、SSD、R-CNN、Fast R-CNN、Faster R-CNN、Mask R-CNN等系列算法。

（3）语义分割：图像分类是对整张图片进行分类处理，而语义分割就是对图片中每个像素进行分类处理，通过算法设计自动将图片中不同物体的像素进行分类识别，准确的标注出物体在图像的位置。常见的语义分割算法有FCN、U-net、SegNet、DeepLab等系列算法。

（4）视频理解：视频可以理解为在二维图像上加入了时间信息，变成了具有三维信息的图像分析，视频理解囊括了视频分类、行为检测等常见任务，常见的算法模型有C3D、TSN、DOVF、TS_LSTM等。

（5）图像生成：图像采集一般都是通过相机等外界设备拍摄真实环境得来的，但通过一定的学习算法，可以从大量真实的图片中学习到真实图像的分布情况，进而生成具有与真实图像高度相似的图像，这就是图像生成技术。目前最流行的技术有VAE和GAN系列，其中GAN系列发展迅猛。

（6）超分辨率图像：超分辨率图像生成技术（Super-Resolution，SR）可以将观测到的低分辨率的图像重建出高分辨率图像，说白了就是通过软件的方法提高图像的分辨率，这种技术目前也在各大手机摄像头分辨率上有所使用，一般我们看到的摄像头分辨率参数并不是实际物理成像sensor的分辨率，都会加入数字分辨率的。

（7）艺术风格迁移：通俗点讲就是学习一幅画的风格，然后采用学习到的风格，将一幅内容图像进行重画，也是一个非常有意思的研究方向。

2. 自然语言处理

机器翻译：传统的机器翻译模型采用的是基于统计分析的算法模型，可想而知，对于复杂的语言表达逻辑，效果并不佳，而基于深度学习的机器翻译，让机器翻译出来的结果更加接近人类的表达逻辑，正确率得到了大大的提高，创建的机器翻译模型有：Seq2Seq、BERT、GPT、GPT-2等。

聊天机器人：让机器人能够理解人类的语言，并作出一定的语言反应，进而达到人机对话的目的。聊天机器人已经广泛地应用在咨询系统、智能家居等。

3.强化学习

虚拟游戏：在虚拟游戏中，机器可以通过自我模拟、自我训练、自我测试，让机器在一定游戏规则下，学习到好的战胜策略。在围棋界，谷歌公司训练的Deep Mind AlphaGo就战胜了围棋高手李世石，这让深度学习轻松攻陷了人类自以为傲的思维顶端游戏。

（1）机器人：借助深度学习的力量，机器人可以在真实复杂的环境中，可以代替人执行一定的特殊任务，如人员跟踪、排爆等，这在过去是完全不可能的事。做得最好的要属美国波士顿动力公司开发的机器人，其在复杂地形行走、肢体协调等方面取得了巨大的进步。

（2）自动驾驶：现在很多互联网大公司都在自动驾驶上投入了大量的资源，如国内的百度、美国的谷歌公司、Uber公司等，在自动驾驶中，就应用了大量的深度学习技术，如马路线与路标的检测、周边行走车辆的三维信息等。

第五章　当前技术水平下的机器人创新应用实践

机器人是机械、电子、控制、计算机、传感器、人工智能等多学科先进技术的一种智能仪器。机器人的创新实践十分强大，在研究中充分渗透了研究性学习的思想。本章将介绍机器人创新应用实践的相关内容。

第一节　舵机与控制器

舵机是一种伺服驱动装置，适用于需要改变角度、可维护的控制系统，控制器是影响机器人性能的关键部件之一，在一定程度上影响了机器人的发展。本部分主要介绍了机器人的转向装置和控制器。

一、舵机

舵机的转向齿轮主要由壳体、线路板、无芯电机、齿轮组、电位器和驱动盘组成，其工作原理是通过接收机向舵机发送信号，通过电路板（IC）判断旋转方向，然后驱动无芯马达开始旋转，通过减速装置将转到摆动臂，并将位置检测器发送回确定位置是否点已经达到。位置检测器包含可变电阻，当转向齿轮转动时，电阻值改变，测量电阻值可以称为旋转角度。

为了适应不同的工作条件，有一个防水和防尘设计的舵，由于不同的负荷要求，齿轮材料有两种：金属和塑料。金属齿轮的转向齿轮通常是大扭矩和高速型，其优点是齿轮由于负载过重而不能折叠齿。更高层次的转向齿轮安装滚珠轴承，使旋转能更轻便、准确。

转向器的输入电源线有三个，中间红色为相线，黑色为零线，这两条线为转向齿轮提供最基本的能量保证，主要为电机旋转。另一条线是控制信号线，一般为白色或橙色。电源有两种规格，一种是4.8 v，另一种是6.0 v，分别对应不同的扭矩标准。

转向齿轮是一个位置伺服驱动器，旋转范围一般不超过180° ，适用于需要改变角度并能保持驱动器角度的机器人，如机器人的关节、飞机的舵面等。还有一些特殊的转向装置，旋转范围可达5周，主要为帆船模型风帆，俗称帆舵。

执行器是一个执行的机器，输入不同的比例和输出的电压信号，并保持不同的角度。如果采用开环控制，就不可能实现这一功能，必须保证舵机在各种负载条件下通过闭环控制系统保持输出给定角度。

本文简要介绍了负载变化时执行机构的内部伺服控制过程。过程如下。

（1）舵机的转向齿轮的控制周期取决于输入信号的周期。

（2）在控制周期中，第一次检测安装在输出轴电位器上，即旋转变阻器，通过测量电位器的电阻，可以得到当前电机输出轴的位置。

（3）当增加电机轴上的负载（ 扭矩 ）突然变大，马达将被转动，并且马达输出轴连接到电位器也将旋转时，方向盘内的控制器会检测到这一变化。假设旋转角度是D。

（4）该控制器内的方向盘将基于D的大小伺服电机，以增加输出电压为这是比例积分微分（PID）控制器（P）的比例链路工作。当电压增加时，转向齿轮的输出扭矩会增加，从而抵消部分增加的负载。

PID 控制器（D）的差分链接不再详细描述工作过程。事实上，大多数的转向齿轮没有一个差链，因为对于简单的位置控制，PI 调节器是足够的。

二、控制器

（一）机器人控制器类型

机器人控制器是控制机器人根据命令和传感信息完成某一动作或任务的装置，是机器人的心脏，决定了机器人的性能。

针对机器人控制算法的处理方法，可分为串行和并行两种类型。

1. 串口加工结构

所谓的串口处理结构是指机器人控制算法是一台串行机器处理。对于这种类型的控制器，从计算机结构、控制方法的划分，还分为以下三个方面。

（1）单CPU结构，集中控制模式

使用功能强大的计算机实现完全控制功能。在早期的机器人，如英雄i，机器人i等，这个结构被使用，但许多计算是需要在控制过程中（如坐标转换），因此，控制结构较慢。

（2）二级CPU结构，主从控制模式

第一级CPU作为主机，作为系统管理、机器人语言的编译和人机界面的功能，同时也利用其计算能力完成坐标变换、轨迹插值和将操作的结果作为增量到公共内存的联合移动的计时，为二级 CPU读取，二级 CPU 全数字控制所有关节位置。这种系统的两个CPU总线基本上没有连接，只有通过普通的内存交换数据，是一个松散的莲花耦合关系。这是难以进一步分散的功能与更多的cpu。如莫托曼机器人（5关节，直流电机驱动）的计算机系统属于这类主从结构。

（3）更多的CPU 结构，分布式控制模式

目前，这类上下机两级分布式结构，主机负责整个系统的管理和运动学计算，轨迹规划。下一台机器由多个cpu组成，每个中央处理器控制关节运动，而这些cpu和主控制机的联系人是通过总线形式的紧耦合。该结构控制器的速度和控制性能明显提高。但是，这些多 CPU 系统的常见功能是分布式的函数结构，用于特定的问题，即每个处理器都假设一个固定的任务。当今世界上大多数商业化的机器人控制器都是这样的结构。

控制器计算机控制系统的位置控制部分几乎毫无例外地采用数字位置控制。这些类型的控制器使用串行机器来计算机器人控制算法。他们有一个共同的弱点：计算的负担是坏的，真实的。因此，利用离线编程和前馈补偿来减少实时控制中的计算负担。当机器人在操作中受到干扰时，其性能会受到影响，更难以保证高速运动所需的精度指标。

由于机器人控制算法的复杂性以及提高机器人控制性能的需要，许多学者努力从各种建模算法中减少计算量，但仍难以满足串行结构控制器的实时计算。因此，有必要从控制器本身中找到解决方案，其中一种方法是选择一台高档计算机或小型微型计算机，另一种方法是使用多处理器进行并行计算，以提高控制器的计算能力。

2. 并行处理结构

并行处理是提高计算速度的一种重要而有效的方法，能够满足机器人控制的实时性要求。从文献的角度，对机器人控制器的并行处理技术进行了研究，探讨了机器人的运动学和并行算法的动力学和实现方法。1982年陆宝森首先提出了机器人动力学的并行处理，因为铰接机器人的动力学方程是一系列具有强非线性的二阶微分方程耦合，计算非常复杂。为了提高机器人动态算法的计算速度，还为复杂控制算法的实现提供了依据，如扭矩法的非线性前馈法和自适应控制方法。开发并行算法的方法之一是将串行算法转换为并行，然后将算法映射到并行结构，一般有两种方法：一是考虑给定的并行处理器结构，根据计算模型支持的处理器结构，算法并行性的发展；二是首先开发算法的并行性，然后设计支持算法的并行处理器结构，以达到最佳的并行效率。构造并行处理结构的机器人控制器的计算机系统一般采用以下三种方法。

（1）机器人控制专用 VLSI的研制

特定于设计的VLSI可以充分利用机器人控制算法的并行性，依靠芯片中的并行结构，解决机器人控制算法中大量的计算问题，可以大大提高运动学和动力学方程的计算速度。但是，由于芯片是根据具体算法设计的，当算法发生变化时，芯片不能使用，因此，这种方法构造的控制器不一般，更不利于系统的维护和开发。

（2）使用具有并行处理能力的芯片型计算机（如建立DSP等）构成一个并行处理网络。随着数字信号芯片速度的不断提高，高速数字信号处理器（DSP）已广泛应用于信息处理的各个方面。DSP是数字运算速度非常快，易于形成并行处理网络。

（3）使用通用微处理器

采用通用微处理器构造并行处理结构，支持计算，实现复杂控制策略在线实时计算。

（二）机器人控制器存在的问题

随着现代科学技术的飞速发展和社会的进步，机器人的性能提出了更高的要求。智能机器人技术的研究已成为机器人领域的主要发展方向，如各种精密装配机器人、多肢协调控制系统和先进制造系统的机器人研究等。因此，机器人控制器的性能也提出了更高的要求。

但是，自诞生的机器人，特别是工控机所使用的控制器基本上是开发人员基于自己独立的结构进行开发，使用专用的计算机特定的机器人语言，竭诚操作系统专用微处理器。这种机器人控制器不能满足现代工业发展的要求。

从上述两种类型的机器人控制器中，串行处理结构控制器关闭，功能单一，计算能力较差，难以保证实时控制要求，因此，目前大多数商用机器人采用单轴PID控制，难以满足机器人控制的高速精度要求。尽管分布式结构在一定程度上是开放的，但可以根据需要添加额外的处理器，以满足传感器处理和通信的需要，但它只在有限的范围内打开。

虽然并行处理结构控制器可以在计算速度上取得重大突破，可以保证实时控制的需要，但我们必须看到还存在许多问题，目前的并行处理控制器研究一般针对机器人运动学、并行处理的动态模型，基于并行算法和多处理器结构映射特征进行设计，通过分解给定任务，得到多个子任务，列出数据相关流图，并在相应的处理器上实现每个子任务的并行处理。由于并行算法中通信和同步的固有特性，如程序设计不正确、死锁和通信堵塞等都很容易出现。

结合起来，现有的机器人控制器存在以下许多问题。

1.开差

局限于封闭式结构的“专用电脑特定机器人语言，专用微处理器”。闭式控制器结构使其具有特定的功能，适应特定的环境，不易扩展和改善系统。

2.软件独立性差

软件结构及其逻辑结构取决于处理器硬件，很难在不同的系统之间进行迁移。

3.容错能力差

由于并行计算中数据相关性、通信和同步的内在特征，控制器的容错性能越来越差，一个处理器故障可能导致整个系统瘫痪。

4.可伸缩性较差

目前，机器人控制器的研究主要集中于提高系统的性能。由于结构是闭合的，因此，很难根据需要扩展系统，如添加传感器控制等功能模块。

5.缺乏网络功能

几乎所有的机器人控制器现在都没有网络功能。

总之，上述机器人控制器，无论是串行还是并行，不是开放的体系结构，是难以扩展和改变从软件到硬件。例如，商业化的“莫托曼”机器人的控制器没有打开，用户很难根据自己的需要修改和扩展功能，通常的做法是分析详细的解剖，然后再进行重建。

（三）机器人控制器的视觉

随着机器人控制技术的发展，“开放式结构模块化、标准化的机器人控制器”的研制是结构闭式机器人控制器缺陷的机器人控制器发展方向。近年来，日本、美国和欧洲的一些国家正在开发具有开放体系结构的机器人控制器，如日本公司基于PC机开发了具有开放结构和网络功能的机器人控制器，我们的“863”规划智能机器人也成为研究项目的主题。

开放式结构机器人控制器是指所有级别的控制器设计都对用户开放，用户可以轻松扩展和改进其性能。其主要思想是：

1.使用基于非封闭式计算机平台的开发系统，如Sun、SGI、PC。有效地利用标准计算机平台的软硬件资源，为控制器的扩展创造条件。

2.使用标准操作系统，如Unix和标准控制语言，如C语言和C++语言。标准操作系统和控制语言可以用来改变各种特殊机器人语言的共存和不相容性。

3.采用标准总线结构，以扩展控制器硬件的性能，如各种传感器、i/o板、运动控制板，可以很容易地集成到原始系统。

4.使用网络通信实现资源共享或远程通信。目前，几乎所有的控制器都没有网络功能，使用网络通信功能可以提高系统更改的灵活性。

可以根据上述思想设计具有开放式结构的机器人控制器。设计过程应尽可能地模块化。模块化是现代系统设计和建立的一种方法，根据模块方法的设计，系统由各种功能模块组成，每个模块完整，单一这样的系统，不仅性能好，开发周期短，而且成本低。模块化还使系统打开，易于修改重构和添加配置功能。根据模块化方法设计了基于多自主体概念设计的新型控制器，它由七个模块组成，包括数据库、通信、传感器信息、人机界面、调度与伺服控制模块。

新的机器人控制器应具有以下特点。

（1）开放式系统体系结构

开放的软件、硬件结构，可用于促进不同类型机器人或机器人自动生产线的功能扩展。

（2）合理的模块化设计

对于硬件，根据系统要求和电气特性，根据模块化设计，这不仅方便了安装和维护，而且提高了系统的可靠性，系统结构更加紧凑。

（3）任务的有效分工

不同的子任务由不同的功能模块实现，以方便修改、添加和配置函数。

（4）实时、多任务要求

机器人控制器必须能够在定义的时间段内完成外部中断的处理，并允许同时执行多个任务。

（5）网络通信功能

网络通信功能用于实现资源共享或多机器人协同工作。

（6）图像直观的人机界面

此外，运动控制板在机器人控制器中是必不可少的。由于机器人的性能不同，运动控制板的要求也不同。美国三角洲头公司推出了PMAC（可编程多轴axies控制器）在国内外引起关注。PMAC是一种强大的运动控制器，它开发了数字信号处理DSP技术的强大功能，为用户提供了非常强大的功能和极大的灵活性，借助于摩托罗拉的DSP56001 数字信号处理器，PMAC可以同时操纵1

~8轴，与其他运动控制板相比，有很多优点。

由于适用于机器人控制的软件和硬件范围广泛，现代技术的飞速发展，很难开发出具有完全开放结构的标准化机器人控制器，但现有技术的应用作为工业PC的良好开放性、安全性和网络化、标准实时多任务操作系统、标准总线结构、标准接口等，打破了机器人控制器的现状结构闭合，开发具有开放结构和模块化功能的标准化机器人控制器是可行的。

第二节 ROS操作系统

ROS 是一个先进的机器人操作系统框架，已被数以百计的研究小组和公司在机器人行业中所使用。官方定义的ROS系统一般是指机器人开源操作系统（元操作系统）。它可以提供类似于传统操作系统的许多功能，如硬件抽象、低级设备控制、通用功能实现、进程间消息传递和包管理。此外，它还提供了用于在多台计算机上获取、编译、编辑和运行程序以完成分布式计算的工具和库。

ROS 是开源的，在机器人的开机自检操作系统中使用，一些学者称之为二次操作系统。它提供类似于操作系统的功能，包括硬件抽象描述、低级驱动程序管理、共享功能的执行、程序之间的消息传递以及程序发布包管理，还提供用于获取、生成、写入和运行多台计算机集成程序的工具和库。

ROS 其主要设计目标是提高机器人研究开发领域的代码重用率。ROS是分布式处理框架（也称为节点）。这允许在运行时单独设计和松散耦合的可执行文件。可以将这些过程封装到数据包（也称为包）和堆栈中，以方便共享和分发。ROS 还支持允许分发协作的代码库的联合系统。这种设计从文件系统层面到社区层面，使其能够独立决定开发和实施工作。上述所有功能都是由ROS 的基本工具来实现的。

一、ROS主要特点

1. 点对点设计

一个用途ROS系统由多个不同主机中存在的一系列过程组成，在操作过程中通过端到端拓扑进行联系。基于中央服务器的软件框架也可以实现多个进程和主机的优势，但是在这些框架中，当计算机通过不同的网络连接时，中央数据服务器存在问题。

ROS点对点设计和服务节点管理器可以分散计算机视觉和语音识别的实时计算压力，能够满足多机器人的挑战。

2. 分布式计算

现代机器人系统通常要求多台计算机同时运行多个进程，单台计算机或多台计算机不同进程之间的通信是解决分布式计算问题的主要挑战。ROS为了实现上述通信，为实现分布式系统的构建提供了一种通信中间件。

3. 软件重用

随着机器人研究的迅速推进，许多通用任务（如导航、路径规划和Jiantu）的算法应运而生。任何算法的实际前提是可以在不重复实现的情况下应用到新的字段中。实际上，如何快速将现有的算法迁移到不同的系统是一个挑战，ROS 用两种方法解决了这个问题。

（1）ROS标准包提供稳定、可调的各种重要机器人算法实现。

（2）ROS通信接口正成为机器人软件互操作性的事实标准，也就是说，大多数最新的硬件驱动程序和尖端算法实现能找到ROS吗？例如，在ROS官方网站上有大量开源资料库，使用ROS通用接口，以避免重新开发新的接口程序以集成它们。

4. 多语种支持

由于程序员倾向于支持某些编程语言，所以这些首选项是每个语言的编程时间、调试效果、语法、执行效率以及各种技术和文化原因的结果。为了解决这些问题，ROS被设计为语言中立性的框架。ROS支持多种不同的语言，如c++、Python、八度和 LISP，还包含一个其他语言的多种接口实现。

5. 精简和一体化

大多数现有的机器人软件工程包括驱动程序和算法，可以在工程之外重用，由于许多原因，大多数代码的中间层太杂乱，很难提取其功能，很难提取它们从原型和应用到其他方面。

针对这一趋势，所有驱动程序和算法都在逐步开发和ROS没有独立的依赖库。系统的ROS是模块化后，可以分别编译每个单元中的代码，以及编译时使用的CMake工具。便于实现简化的概念。ROS基本上封装了复杂的代码在一个库中，只为ROS显示库创建小应用程序，允许简单的代码超越原型的移植和重用。作为一种新的附加优势，当代码分散到库中时，单元测试变得非常简单，一个单独的测试程序可以测试库中的许多功能。

ROS利用现有的大量开源项目代码，如从“玩家”项目上绘制的驱动程序、运动控制和仿真代码，从OpenCV中借用视觉算法的代码，从Openrave中借用了规划算法的内容，还有许多其他的项目。在每种情况下，ROS 都用于显示各种配置选项和与软件的数据通信，以及对它们进行小包和更改。ROS可以从社区维护中不断升级，包括从其他软件库和应用程序修补程序升级ROS源代码。

6.工具包丰富

管理复杂ROS软件框架，大量的小工具被用来编译和运行各种ROS构建，这是设计成一个内核，而不是一个巨大的开发和运行环境。

这些工具提供了各种各样的任务，例如组织源代码的结构、获取和设置配置参数、可视化端到端拓扑连接、测量带宽使用宽度、生动地描述信息数据以及自动生成文档。尽管核心服务已经通过记录器（如全局时钟和控制器模块）进行了测试，但将所有代码模块化仍然是可取的。事实上，效率的损失远未因稳定和管理的复杂性而得到弥补。

7. 免费开源

ROS所有源代码都公开发布。这肯定会促进各种级别的ROS软件调试，并不断改正错误。虽然非开源软件，如微软机器人工作室和webots有许多令人钦佩的属性，但开放源码平台是不可替代的，特别是在硬件和软件设计和调试的同时。

ROS 分布式关系遵循BSD许可，也就是说，允许开发各种商业和非商业项目。ROS通行证通过内部处理通信系统，不要求模块在同一可执行功能中连接在一起。因此，用ROS构建的系统可以很好地使用其丰富的组件，单个模块可以包含由各种协议保护的软件，从 GPL到BSD，但一些可允许的“污染物”将被彻底消灭在分解的模块中。

8. 快速测试

发展机器人软件比其他软件开发更具挑战性，主要是因为调试准备时间长，过程复杂。此外，由于硬件维护和资源有限，任何时候都不需要使用机器人。ROS提供了两种解决这些问题的策略。

ROS系统框架将底层硬件控制模块和顶层数据处理和决策模块分开，使模拟器可以代替底层硬件模块来测试顶部独立，提高测试效率。ROS还提供了一种在调试过程中记录传感器数据和其他类型消息数据的简便方法，并在试用后通过时间节点重播它。这样，每当你运行一个机器人，你就会得到更多的测试机会。

当然，ROS 操作系统并不是唯一具有这些功能的机器人软件平台。ROS最大的区别来自机器人领域的许多开发者的认可和支持，这将使ROS的未来能够进化、进步和改进。

二、ROS 系统体系结构

1. 工作空间

ROS 执行命令是在一个工作区完成的，ROS还需要一个区域来操作代码，即工作区。“工作”是ROS 中最小的环境配置单元，您可以将“工作区”作为结构化文件夹，它包含多个“包装”和一些结构性能。一次将工作区配置写入一个环境变量中，以使用ROS命令在“包”内执行工作区相关操作。

2. 整体结构

根据ROS维护者的数量和系统代码的发行由两个主要部分标记。

（1）扼要

核心部分主要由柳树车库公司和一些开发商设计、提供和维护。它为分布式计算提供了一些基本的工具，并为整个 ROS 的核心部分编写了程序。

（2）宇宙

世界各地的代码由不同的国家ROS社区组织的开发与维护。一个是库代码，如 OpenCV、PCL等。库的前一层从功能角度提供，如人脸识别，它调用底层库顶级代码是应用程序级代码，它允许机器人执行某种功能。

通常从另一个角度来看ROS分级，主要分为三级：计算图级、文件系统级和社区级。

3. 计算地图集

计算图为ROS，是一个点对点的数据处理网络。当程序运行时，所有进程和数据处理将由点对点网络表示。此级别包括许多重要概念：节点、消息、主题和服务。

（1）节点

节点是一些直线操作任务的过程。ROS可以在规模上以增长的方式使代码模块化：系统通常由多个节点组成。在这里，节点也可以称为“软件模块”。使用“节点” 使基于ROS的系统在运行时更加直观。

（2）消息

节点通过发送消息进行通信。每条消息都是严格的数据结构。可以支持原始标准数据类型（整数、浮点、布尔值等），并且支持原始数组类型。消息可以包含任意嵌套结构和数组。

（3）主题

邮件以发布、订阅方式传递。节点可以在给定的主题中张贴消息，并注意订阅主题的特定类型数据，您可能有多个节点发布或订阅具有相同主题的邮件。一般而言，出版商和订户不理解彼此的存在。

（4）服务

虽然基于主题的发布、订阅模型是一种灵活的通信方式，但其广播路径规划不适合于同步传输模式，从而简化了节点的设计。在ROS中，它被称为服务，带有一个字符串和一对严格规范的消息定义：一个用于请求，一个用于响应。这类似于web服务器，web服务器由uri定义，请求和应答具有完全定义类型的文档。

基于上述概念，需要一个控制器来使所有节点有条不紊地执行，这是一个ROS控制器（ROS大师）。

ROS大师通过（RPC即远程过程调用协议，远程过程调用）提供对其他计算图表的注册和查找列表。如果没有控制器，节点就找不到其他节点、交换消息或调用服务。

ROS节点的控制器存储主题和服务的注册信息。节点与控制器通信以报告其注册信息。当这些节点与控制器通信时，它们可以接收有关其他已注册节点的信息，并建立指向其他已注册节点的链接。当注册信息更改并允许节点动态创建到新节点的连接时，控制器还会返回这些节点。

节点和节点之间的连接是直接的，控制器只提供查询信息。节点订阅主题需要与发布主题的节点建立连接，并且将在同意连接协议的基础上创建。

4. 文件系统级别

ROS文件系统级别是指对硬盘上的视图的组织源代码。

ROS有无数的节点、消息、服务、工具和库文件需要有效地结构来管理代码。ROS 文件系统级别有几个重要概念：包、堆（栈）。

（1）包

ROS软件以封装方式组织。包包含节点、 依赖于ROS的库、数据集、配置文件、第三方软件或任何其他逻辑组合。该软件包的目标是提供一个易于使用的结构，便于重用软件。一般而言，ROS包是短而精益的。

（2）堆

堆是包的集合，它提供了一整套函数，如“导航堆栈”。堆叠与版本号相关联，是ROS软件发布方式的关键。

ROS是一个分布式处理框架。这允许在运行时单独设计和松散耦合的可执行文件。这些过程可以封装到包和堆（栈）中，便于共享和分发。

5. 开源社区级别

ROS社区级别的概念是ROS和Web上的一种代码发布形式，它是一个代码库的联合系统，它使协作得以分发。这种设计从文件系统层面到社区层面，使得独立开发和实施工作成为可能。由于这种分布式结构，ROS的快速发展，软件仓库中软件包的数量增加。

三、ROS系统工具

1.RViz

Rviz是ROS强大的3D可视化工具之一，机器人可以创建在可视设备，并让机器人完成指定的任务，而且还要创建地图，显示3D点云等。简而言之，rviz可以在ROS中显示所有种类，通过订阅消息可以完成物理显示，机器人通过ROS发布数据，rviz订阅消息将接收数据，然后显示。

2.gazebo

此工具是ROS在物理模拟环境下，gazebo本身就是一个机器人仿真软件，基于微分方程模拟机器人和环境的许多物理特性的物理引擎。

3.Tf

Tf是ROS机器人中的坐标变换系统常用于建模和仿真。TF库的目的是实现在所有坐标系中要求的系统中任何点的坐标变换，即获取坐标系坐标中某个点的坐标。

ROS 坐标系统有两种主要类型。（1）固定坐标系：用于代表世界的参考坐标系。（2）目标坐标系：相对于相机角度的参考坐标系。

四、ROS普通机器人

1. PR2

关于ROS的应用，最常见的机器人是PR2。该机器人是为ROS量身定做的ROS（柳树车库）的主要维护者，有两台电脑运行ubuntu和 ROS，拥有两个机器人武器以及强大的传感器，但价格非常高，在国内很少看到。该机器人有更多的ROS包，从仿真到导航，所以代码具有较高的参考价值。

2.TurtleBot

TurtleBot机器人是应用ROS小型移动机器人的典型代表，也是最佳机器人，可作为新模型和导航定位的参考。

第三节　工业机器人实例

工业机器人是一种仿人操作、自动控制、可重复编程，可以在三维空间完成各种自动化生产设备，特别适合多种品种、可变体积的灵活的生产。它在稳定、提高产品质量、提高生产效率、改善劳动条件、加快产品更新换代等方面起着非常重要的作用。本节介绍了工业机器人的几个实例。

一、工业机器人的基本组成

工业机器人通常由执行器、驱动系统、控制系统和传感器系统组成。

（一）执行机构

执行器是机器人赖以完成任务的实体，从功能角度可以分为手、手腕、臂、腰、机底座。

1.手部

工业机器人的手部也称为端执行器，它是安装在机器人手腕上的部件，直接抓住工件或进行工作。对于机器人来说，手是完成工作和工作灵活性的关键部件之一。

手可以有手指像手，或他们可能没有手指；可以是类似的手爪，也可以是一种特殊的工具，用于某种操作，如机械手手腕焊枪、喷漆喷嘴等。两种不同工作原理的手，结构形式，常用手按其夹紧原理不同，可分为机械、磁力和真空型。

2.手腕

工业机器人的手腕是连接手和手臂的部分，是超级支撑手的功能。机器人有六个自由度，为了达到目标位置和所期望的姿势，手腕的自由主要是为了达到理想的姿态，并扩大手臂运动的范围。腕部根据自由度的多少可以分为一自由度手腕、二自由度手腕和三自由度腕部。应根据机器人的工作性能要求确定腕关节所需的实际自由度。在某些情况下，手腕有两种自由度：翻转、俯仰和偏转。一些特殊用途的机器人没有手腕部分，只有手，并且为特殊目的，他们有横向运动自由度。

3.手臂

工业机器人的手臂是连接腰部和手腕，以支持手腕和手，并达到更大范围运动的一部分。手臂一般由手臂、小臂（或多臂）组成。整体的手臂质量更大，力一般更复杂，在运动中，直接在手腕下，手和工件的静、动载荷，特别是在高速运动时，会产生较大的惯性力（或惯性力矩），造成冲击，影响定位精度。

4.腰部

腰部是连接手臂和底座的一部分，通常是旋转的部分。由于它的旋转，加上手臂的运动，它可以使手腕空间运动。腰部是执行机构的关键部件，其制造误差、运动精度和平滑度对机器人定位精度有决定性的影响。

5.机架

框架是整个机器人的支撑部分，必须具有足够的刚度和稳定性，有固定式和移动式两种。移动式主要用于扩大机器人的范围，如一些特殊的行走装置、轨道、车轮机构等。

（二）驱动系统

1. 气动驱动

气动驱动系统通常由气缸、阀、气罐和空气压缩机（或由空气压力站直接供应）等压缩空气驱动执行器工作。其优点是空气源方便、动作快、结构简单、成本低、维修方便、防火、防爆、漏风对环境无影响；缺点是操作力小、体积大，而且由于高压缩性，速度不易控制、反应慢、动作不平滑、有冲击力。因此，机器人的类型适合于小抢夺力的要求。

2. 液压传动

液压传动系统通常由液体动力（各种油缸、机油马达）、伺服阀、油泵、油箱等组成，以驱动执行器进行压缩机油的工作。具有操作力大、体积小、传动平稳、运动灵活、抗冲击、抗振动、防爆性能好等特点。与气动传动相比，液压驱动机器人具有更大的抢夺能力，可达 Bechi。但液压传动系统对密封要求很高，不适合高温或低温工作，要求制造精度高、成本高。

3.电动驱动

电动驱动是利用电机产生的力或扭矩，直接或通过减速机构驱动机器人获得所需的位置、速度和加速度。电力传动具有操作方便、无环境污染、响应快、驱动力大、信号检测、传输方便、易于处理等多种灵活控制方案，精度高、成本低、驱动效率高，是目前大多数机器人使用的驱动模式。驱动电机一般采用步进电机、直流伺服电机和交流伺服电机。由于电机的高速性，通常需要使用减速机构。目前，一些机构已开始采用无减速机构的专用电机直接驱动，从而简化机构，提高控制精度。

4.其他驾驶方式

混合驱动，即液态气或电混合动力驱动。

（三）控制系统

控制系统的任务是根据机器人的操作指令程序和传感器的信号进行平稳运动和功能。如果工业机器人没有信息反馈特性，则是开环控制系统，如果具有信息反馈的特点，则是闭环控制系统。

工业机器人控制系统主要由主控计算机和关节伺服控制器组成，上位机控制计算机主要根据操作要求完成编程，并发送指令控制各伺服驱动装置使各杆件协调工作，同时也完成环境条件、外围设备信息传输和协调工作。采用关节伺服控制器实现了驱动单元的伺服控制、弹道插值计算和系统状态监测。机器人的测量单位通常是一个位置检测元件（如光电编码器）和速度检测元件（如转速计马达），安装在执行器，反馈给控制器或用于闭环控制，或用于监视或教学。除了一般的电脑键盘和鼠标，人机界面通常包括一个手持控制器（教学箱），它可以通过手持控制器控制和传授机器人。

工业机器人通常有两种教学再现和位置控制的方法。教学再现控制是通过教学装置对工作程序内容进行编程、输入内存设备、外部给出启动命令、机器人从内存设备读取信息并发送到控制的操作器。装置发出控制信号，由驱动机构控制机械手运动，按照一定精度范围内的内存负荷内容完成给定动作。从本质上讲，工业机器人与普通自动机的最大区别在于它具有“教学再现” 功能。因此，它显示了一般灵活的“柔性”特征。

工业机器人的位置控制模式有两种：位控制和连续路径控制。其中，点控制模式只关心机器人终端执行器位置的开始和结束，而不关心两者之间的轨迹点，此控制方法可实现无障碍点焊、进料、卸料、搬运等操作。连续路径控制方法不仅要求机器人达到一定精度的目标点，而且对机器人喷涂、电弧焊等运动轨迹具有一定的精度要求。从根本上说，控制方法是基于点位置控制方法，通过位置轨迹插值算法实现轨迹连续性，满足两点之间的精度要求。

（四）传感系统

传感器系统是机器人的重要组成部分，根据采集到的信息的位置，可分为两种传感器：内部和外部。内部传感器是完成机器人运动控制的必要传感器，如位置、速度传感器等，用于采集机器人的信息，是机器人的重要组成部分。外部传感器检测机器人的环境、外部物体的状态或机器人与外部物体的关系。

传统的工业机器人只使用内部传感器来精确控制机器人的运动、位置和姿态。外部传感器的使用使机器人对外部环境有一定的适应性，从而显示出一定的智能。

二、工业机器人类型

1. 焊接机器人

焊接机器人是在工业机器人的端轴法兰上装有电极架或焊接（切割） 枪的机器人，使其能够焊接、切割或热喷涂。由于多组分的焊接精度和速度要求较高，一般工人的工作难度很大；此外，焊接火花和烟雾等对人体的危害，使焊接过程的完整自动化成为一个重要的研究课题。其中，焊接机器人的应用是非常重要的。目前，焊接机器人是最大的工业机器人应用领域，占总工业机器人总数的25 %左右。

2. 搬运机器人

传输机器人（移动机器人）主要从事工业机器人的自动化处理。所谓装卸操作指的是使用一个设备来控制工件，从一个加工位置到另一个加工位置。工件搬运和机床上下材料是工业机器人的重要应用领域，在工业机器人的组成中占有很大比重。其中，移动机器人生长迅速。近年来，随着物流业的发展，特别是自动仓库的出现，码垛机器人的发展和广泛应用也在加快。目前世界上使用的机器人超过十台，广泛用于机床、自动生产线、码垛装卸和集装箱的自动装卸。

3. 喷漆机器人

喷漆机器人是一种用于喷漆或喷涂其他涂料的工业机器人。由于喷漆或喷涂现场有大量粉尘、雾和有害气体，手动操作有害健康，喷漆或喷涂工作劳动强度大，技术要求高。喷涂机器人的使用可以保证人身安全，提高经济效益（如节能涂料）和喷漆质量。

4. 装配机器人

装配机器人它是一个为完成装配操作而设计的工业机器人。组件的主要操作是垂直提起零件，水平移动，然后垂直放置插入。这些操作通常需要快速和平滑，所以一个机器人可以水平和垂直移动，可以施加压力的工作平面是最适合装配操作。

为了在装配机器人的情况下装配轴和孔，必须使机器人符合要求，即自动对准中心孔的能力。随着机器人智能的提高，有可能自动化复杂产品的组装，如汽车发电机、马达、录音机和电视。对柔顺运动概念的研究和开发也有助于机械零件的自动装配。与一般工业机器人相比，装配机器人具有精度高、柔韧性好、工作范围小等特点，主要应用于各种电器（包括家用电器，如电视、录音机、洗衣机、冰箱、吸尘器）、小电机、汽车及其零部件、电脑、玩具、机电产品及组件等方面。

第四节　仿生行走机器人实例

仿生机器人是过去十年来出现的一种新型机器人。它的思想来源于仿生学，其目的是开发一种具有动物特性的机器人。众所周知，自然界中的生物以其丰富多彩的形式活跃在自然界中。一些有机体的许多功能是无与伦比的人类，如软的大象鼻子，蛇可以爬行在任何管道等。因此，自然生物的运动行为和某些功能已成为机器人设计思维的源泉，实现其柔性控制，导致各种仿生机器人的出现。可以说，仿生机器人是模仿自然生物运动原理和行为的机器人系统。

一、仿生机器人的特点及关键技术问题

（一）仿生机器人的特点

机器人是机械、控制、计算机科学、信息科学、光学、微电子、传感技术、驾驶技术、人工智能、仿生学等综合学科。因此，其自身的发展和进步在很大程度上取决于相关学科的研究水平和技术成熟度。仿生学的目的是研究生命结构、能量转换和信息流的过程，通过电子、机械和化学技术来模拟这些过程，以改进现有的或创建新的自动化设备。仿生机器人的发展现状和应用程度取决于仿生学作为核心的研究进展。仿生机器人的研究与进展，如运动仿生、感觉仿生、仿生控制、能量仿生、材料仿生等，是仿生机器人的发展和应用的理论依据和技术前提。

仿生机器人是机器人发展的最高阶段，它不仅是机器人研究的最初目标，也是机器人发展的最终目标。

（二）仿生机器人的关键技术问题

1. 建模问题

仿生机器人的运动具有高度的灵活性和适应性，通常是具有复杂结构的冗余或冗余机器人。运动学和动力学模型与传统机器人有很大的不同，而且比

较复杂。因此，研究建模问题，实现机构的可控性是关键问题之一。

2. 控制优化问题

随着机器人自由度的增加和机构的复杂化，控制系统将更加复杂。复杂系统的实现不能依靠子系统的积累，实现“整体大于部分”，同时对控制算法的有效优化进行研究，使系统具有实时处理能力。

3. 信息集成问题

在仿生机器人的设计和开发中，一定数量的传感器能够实现对不同对象和未知环境的感知。多传感器信息融合技术是实现智能化的关键。信息融合技术集成了多个不同位置分布的相似或不同传感器提供的本地环境不完全信息，消除了多传感器信息之间的冗余和矛盾。提高了系统决策、规划和响应的快速性和正确性。

4. 机构设计问题

合理的机构设计是仿生机器人的基础。经过数以百万年的生物形态演化，自然生物结构特征是非常合理的，几乎不可能使用机械对其完全模仿。只有在充分研究其结构和运动特性后对生物体本质进行提取和简化，开发出全方位的关节机构和简单的承接关节，由高度灵活的机器人机构组成。

5. 微传感和微驱动问题

一些微型仿生机器人没有被传统的常规机器人所缩小，它们的发展涉及电磁学、力学、热、光、化学、生物等许多学科。微仿生机器人的制造需要解决一些工程问题。如电源、驱动方式、传感器集成控制和与外界通信、实现微传感器和微驱动的关键技术之一是机电光微加工技术的集成。同时，设计中必须考虑尺寸效应、新材料和技术等问题。

二、仿生机器人的现状及发展趋势

（一）仿生机器人的现状

1. 飞行机器人

飞行机器人是一种具有自主导航能力的无人驾驶飞行器。这种机器人活动空间宽广、运动速度快、指挥不受地形限制。在军事、森林火灾、灾害搜救等方面，前景极佳。它的飞行原理分为固定翼飞行、旋翼飞行和扑翼飞行。固定翼技术是成熟的，但它的翼展低于毫米是不足以产生足够的推力。

2. 地面仿生机器人

NASA喷气推进实验室在2002年成功推出蜘蛛形机器人，“蜘蛛罐”作为一款微型仿生机器人，身材娇小，有一对感知天线和异常灵活的腿，可以用来检测障碍物，在复杂地形行走，是探索像彗星和小行星等外太空物体的理想机器人，它还可以作为国际空间站的维护人员，检测意外故障，如空气泄漏等。

2000年《Nature》（世界范围内知名权威学术期刊）杂志上一篇关于壁虎足部微结构及吸附机理的文章掀起了全世界对壁虎研究的热潮。2006年，斯坦福研究设计中心副主任、机械工程教授马克·卡特科斯基（Mark Catkowski）领导的研究小组和美国其他大学合作，经过研究壁虎脚趾的构造，历时5年制造出一种黏脚机器人——Stickybot，Stickybot足底长着人造毛（由人造橡胶制成），这些微小的聚合体毛垫能确保足底和墙壁接触面积增大，进而使范德瓦尔斯粘性达到最大化，使Stickybot能在光滑的玻璃墙壁上行走自如。

3. 水下仿生机器人

水下机器人，又称水下无人潜水器，分为遥控、半自主和自主型。水下机器人是一种典型的两用技术，不仅可用于海洋资源的勘探开发，而且在海战中具有不可替代的作用。为了争夺海权，主要国家都在为各种用途开发水下机器人，如海底矿井探测机器人、扫雷机器人、侦察机器人等。

（二）仿生机器人的发展趋势

1. 特种仿生机器人

根据自然界各种生物的特点，开发出更多种类的特殊仿生机器人，可以适应特定的自然环境，是未来仿生机器人发展的方向。例如，一种能在管道中蠕动的机器人“蠕虫”就是基于仿生学原理设计的管道机器人。

2. 微型仿生机器人

科学家预测，21世纪最尖端的技术之一是微型机器人。仿生微型机器人可用于小管道的检测操作，可进入人体肠道检查和实施治疗，不损害人体，也可进入狭窄复杂的作业环境。因此，机器人小型化是一种发展趋势。

3. 仿生物仿生机器人

仿生机器人的形状与仿生物的相似性也是仿生机器人的特点之一。在军事侦察和间谍任务中，完全符合其生物特征的机器人将能够更隐蔽、更安全地执行任务。

三、仿生行走机器人实例——仿人、四足、滚仿生机器人

1.仿人机器人

仿人机器人的研究到目前为止，人们已经发展了大量的人类人形：一般行走人形机器人、服务仿人机器人、游乐机器人、音乐家机器人和航空航天、军用和能量领域人形机器人等。

2.四腿机器人

目前，对腿部机器人的研究较多，有双足、四足和六足机器人。与双足机器人相比，四足机器人具有更好的稳定性和承载能力，比六条腿和八腿机器人简单，在各国机器人研究人员中越来越受到关注。东京理工大学机器人任务组多年来一直从事四足机器人研究，认为四足机器人是实用、复杂、稳定的最佳结构形式。

由于技术上的原因，目前投入使用的四足机器人较少，但四足机器人具有较强的环境适应性，可以在平坦坚硬的土地、沙子、积雪、松软的地面、草坪等等复杂表面上行走，还可以爬上一定角度的斜坡，横跨一定宽度的障碍物和沟壑，未来将发挥重要作用，主要应用在以下方面。

（1）在战场、交通、侦察、扫雷等方面的应用。

（2）在危险和特殊情况下的行动、打击恐怖主义的排雷、爆炸、探测地球表面、地震和其他灾后搜救、运输和处置核工业中的放射性物质。

（3）小空间操作、杂物、洞穴检测、管线检测、维修等。

（4）协助人类生活、娱乐、服务、导盲等。

四足仿生机器人试验样机在每条腿上有三个关节，即髓关节、膝关节和髋关节。髓关节和膝肘关节是由直流电机驱动的主动关节。关节是连接弹簧的被动接头。总之，四足机器人的应用范围很广，目前相关技术还不成熟，四足

机器人不能发挥其特殊的作用。因此，对四足机器人相关技术进行研究具有重要的现实意义。

3.滚式检测机器人

鉴于在未知环境下检测机器人易于翻转和失去运动能力的情况下，基于保持一定姿态的功能要求，提出了一种滚动探针机器人结构。该机器人包括八个驱动轮，两个横向支撑和一个平衡框架。八个驱动车轮确保机器人已经倾覆后仍然有四个驾驶车轮在接触地面，从而使机器人不丧失运动能力。侧向支撑架可以使机器人倾斜到地面后保持大倾角，然后在稳定后恢复到正常状态。平衡架可以保证在机器人翻转或倾斜时，车辆仪表的滚动角和俯仰角基本相同。针对滚式检测机器人的上述功能，ADAMS（Automatic Dynamic Analysis of Mechanical Systems，一款虚拟样机分析软件）对其进行了运动仿真测验，验证了各部分的功能实现效果。测验结果表明，该方法基本实现了滚式机器人的设计功能。

第六章　工业机器人与智慧工厂

第一节　工业机器人：智能与应用并行

一、工业机器人的技术发展

（一）工业机器人发展现状

1.国内工业机器人发展现状

在我国，工业机器人发展比较晚，我国大概是在20世纪70年代才对其进行研究。到2017年为止，我国对工业机器人的研究只有四十年左右的时间。我国在工业机器人方面主要遇到的问题是自主研发的能力较弱，因而，工业机器人的发展比较缓慢。我国将工业机器人加入了国家计划中之后，工业机器人技术才得到了较快速的发展。近年来，在科学技术飞速发展的过程中，工业机器人在我国生产和制造领域发挥着越来越重要的作用，并且获得了较大的经济效益。工业机器人变得越来越自动化，我国多个行业在将自动化工业机器人引入行业生产和服务中去。

2.国外工业机器人发展现状

从世界范围来看，日本的工业机器人技术是最先进的。目前，全世界大概有四成左右的工业机器人来自日本。其工业机器人技术和市场发展方面在世界范围内都占有较大优势。日本工业机器人技术之所以这么发达，跟日本政府的重视是分不开的。另外，美国对工业机器人的研究也比较早，在资金和技术投入方面也较多，科研实力雄厚。西方发达国家多重视工业机器人的发展。

（二）工业机器人技术特点

1.工业机器人越来越精密化和柔性化。我们在研发和使用工业机器人的过程中，其中涉及的技术数量非常多。在很多时候，为了确保工业机器人的飞速发展，借助必要的技术检测来实现对工业机器人的精细化管理是非常重要的。在这个管理的过程中，可以使工业机器人的品质和产量都得到提升。另外，目前在国家推行可持续经济发展战略背景下，工业机器人变得越来越环保，这是工业机器人的一个发展方向。

2.工业机器人拥有自动化成套装备，在生产时，产品越来越精细化。工业机器人越来越智能化、自动化、数字化。日本的机械学会对工业机器人的发展进行了相关研究，我们可知道，工业机器人的精度会越来越高。通过开发和应用新材料，能够降低自身重量。

（三）工业机器人的产业应用举例

随着工业机器人在生活和生产中的应用越来越广泛，工业机器人为我们的生活带来了巨大的便利，为社会工业生产效益的提高做出了较大的共享。在工业机器人的产业应用中，主要包括以下几个方面的应用。

1.焊接机器人

焊接机器人主要是用于点焊作业中。焊接机器人的主要优点包括以下三点。

（1）焊接的稳定性较高，均一性较强。

（2）生产效率高，可以整天工作。

（3）通过焊接机器人的运用，大大降低工人的劳动量。能够实现产品焊接自动化，而且使工作空间大大减少。

2.装配机器人

在很多现代化的工厂中，生产流水线作业非常普遍，这种作业对于速度和精度的要求也在日益提升。在这种情况下，普通的工人已经难以适应生产作业速度和精度。因此，装配机器人就应运而生。通过将装配机器人应用于流水线产品的组装过程中，可以使工厂的成本降低，生产效率提高。

3.搬运机器人

在很多工厂中，需要大量的工人搬运货物，这样就增加了大量的人力成本。通过研发搬运机器人，就可以将重负载机器人很好地应用到搬运工作中去。这种机器人的主要特点是搬运速度快、精度高，而且抗疲劳强度也强，能够适应较长时间和高强度的搬运作业。

4.喷涂机器人

在工厂中，喷涂作业对于工人的身体健康的威胁非常大。通过应用喷涂机器人，可以打造一条涂装自动化的生产线。通过对工厂中的工业喷涂机器人的观摩，可发现其不仅灵活性较强，而且自动化程度高。这种机器人的精确度也较高，能够较长时间地工作。

（四）工业机器人发展的趋势

工业机器人是一门涉及机械学、电子学、计算机科学、控制技术、传感器技术、仿生学、人工智能甚至生命科学等学科领域的交叉性科学，所以在工业机器人的发展过程中，必然受这些学科的影响，在未来的发展趋势中，大致走向以下四个方面。

1.机器人的智能化

工业机器人逐步走向智能化是一个重要的方向，一方面，智能化发展就是让机器人能够与人类具有更为相似的操作以及推理能力，在遇到一些非特定程序设定的问题，机器人能够自主寻求解决方法，分析方案的可行程度，执行任务；另一方面，智能化就是让工业机器人的操作更加简单方便，通过简化操作，提高工作效率。

2.机器人的标准化

机器人的标准化工作是一项十分重要而又艰巨的任务。机器人的标准化有利于制造业的发展，但是仍然有着问题，机器人的统一标准化必然伴随着产业的垄断，因机器人的制造厂家不同，使用的零部件不同，就会让机器人产生差异。机器人的标准化有助于更好地促进制造业的发展，促使机器人的后期维护以及使用安全更加方便、快捷。

3.机器人的模块化

智能工业机器人以及高级工业机器人的构造一定要简单紧凑，对于一些高性能的部件都已经走向了模块化，机器人的发展应当走向模块化，无论是从驱动机、控制装置还是软件编程，都应当相应地做出调整。工业机器人逐步走向模块化更加有助于管理者管理操作，在处理不同的工作，模块化的操作能够更加方便、快捷地找到对应解决方案，极大地提升了机器人的工作效率和水平。

4.机器人的微型化

微型机器人是21世纪的尖端技术之一。在工业机器人的操作中，也有望走向微型化，对于一些尖端的科技，微型驱动器以及微型传感器的研发，都需要微型工业机器人的操作，在应对精密机械加工发挥了重要的作用，尤其是现在的医疗方面，利用微型机器人就可以降低患者的术后康复实践，在现代光学中以及集成电路中，微型工业机器人也将发挥着重要作用。

二、工业智能机器人发展

（一）工业智能机器人发展现状

随着科学技术的不断创新和发展，工业智能机器人技术发展迅速，已经有效地应用在工业生产当中，在工业领域的多关节机械手以及多自由度机器装置中进行自动化工作，是一种凭借自身动力和控制能力来辅助工业生产的机械设备，其不仅可以依照人工指挥来进行运行，同时可以按照预先编码的程序来工作，当前，随着社会经济快速发展，工业机器人的销量与日俱增，我国在工业机器人方面发展较晚，小部分和国外合资进行生产组装，很多自主知识产权工业智能机器人的开发和研究依旧停留在前期阶段，所以，与国外相比，我国的工业智能机器人生产能力相对较低，但随着我国科研水平的不断提升，差距正逐步缩小，截止到2015年，我国工业机器人产量已经突破三万台，同比涨幅达到了21 %，销售量同比涨幅为18 %，达到了七万台。

中国的工业智能机器人主要应用于电子工业和汽车行业，同时在医药设备、金属制品、军工以及航空制造等领域也有效地进行应用，从整体角度来分析，工业智能机器人在汽车制造行业中的应用量占绝对优势，当前中国36 %的工业机器人是销售给汽车制造行业，占比第二的是器材制造和电器制造行业，应用占比达到了23 %，工业机器人在金属制造行业的应用占比达到了15 %。同时，外资机器人使用量同比比较大，占到汽车生产领域的50 %，金属制造领域占到了7 %，器材制造和电气机械占比达到23 %。

（二）工业智能机器人技术发展概况分析

1.工业智能机器人技术概况

随着新时代的发展和进步，智能机器人技术的创新有效地推动了工业的发展，因此，工业智能机器人未来的发展主要集中在以下几方面。第一，加强对智慧制造技术的探究和发展，在进行复杂零件的生产当中，要想提高该类工业产品的生产质量，有效解决生产过程中出现的问题，智慧制造通过其新型的制造技术和制造模式能够发挥有效作用。第二，进一步增加智能机器人科研项目经费，在工业转型的新时期环境下，提升对机器人以及相关零部件行业的投资量，从而促进工业智能机器人技术的发展。第三，完善工业智能机器人的相关技术条例，从而提升智能机器人核心技术的研发速度，同时要对当前的智能机器人研发技术和成果进行有效的总结和整理，为智能机器人的工业化转化奠定基础，逐步对智能机器人标准体系进行构建和完善，同时对人机交互的准则进行有效的补充。

2.工业智能机器人核心技术分析

第一，高精度减速机是工业机器人的关键组成部分，包括材料成型控制技术，其中RV减速机减速齿轮的耐磨性和刚性要达到一定水平，从而保障其运行的高精度，材料组成方面要对金相组织、材料化学元素以及含量进行有效的控制。还有加工技术，RV减速器中的非标特殊轴承是重要的零部件，其结构比较特殊，间隙依照减速器零部件加工尺寸来实施动态调整，对技工技术要求比较高，在薄壁角接触球轴承进度方面要依照精密传动原则实施加预紧力，使得后轴承的游隙下降到零。

第二，电机和高精度伺服欲动器能够保障工业机器人的控制，其中在功率输出、瞬间力矩输出以及负载方面要求比较高，主要有以下关键技术。首先是快响应伺服控制技术，通过位置环、电流环以及速度来保持控制，其中专用的电机巩固保障力矩不变化的效率，从而控制电流环的运作，所以，干扰观测以及前馈补偿算法的设计起到了作用。在应用过程中内部预测模型的构建是通过指标化预测方法达到的，从而实现闭环优化的目的。其次是在线参数自整定技术，保障机器人系统的辨识功能，其中关节的转动惯量和PID参数自整定要进行在线优化，对系统参数实施精确辨识，同时利用在线惯量辨识算法在自动判别自动伺服驱动器的工况，对伺服驱动控制器的参数进行智能控制，在依照实际情况进行参数自适应调整。

（三）工业智能机器人未来发展趋势

随着工业智能机器人技术的不断应用和发展，工业机器人的总体发展趋势出现了明显的转变，已经从传统的机器人概念逐步向广义的机器人技术方向推进，传统的工业机器人是一个产业，当前已经逐步向方案业务解决的机器人技术方向发展。已经能够对机器人进行灵活的应用，通过智能化系统拓宽智能机器人在工业生产中的应用范围，未来的工业智能机器人的灵活性将越来越强，具备的生产控制系统会逐步缩小，智能化水平会快速提高，正朝着一体化的方向发展。

第二节　工业机器人与智慧工厂建设

一、智慧工厂简述

智慧工厂是现代工厂信息化发展的新阶段。是在数字化工厂的基础上，利用物联网的技术和设备监控技术加强信息管理和服务；清楚掌握产销流程、提高生产过程的可控性、减少生产线上人工的干预、即时正确地采集生产线数据，以及合理的生产计划编排与生产进度。并加上绿色智能的手段和智能系统等新兴技术于一体，构建一个高效节能的、绿色环保的、环境舒适的人性化工厂。

智慧工厂引领的制造互联通过各种工业化通信手段提供数据采集基础，

其本质是实现工厂资源的“互联化”目标；制造执行基于广泛互联和透彻感知，通过大数据采集与分析发现工厂运行规律，利用智能决策手段实现工厂性能优化，其本质是通过工厂内部、车间层面的数据分析与应用服务实现“智能化”目标：制造协同在“智能”基础上引入互联网大数据，通过客户行为分析、市场趋势预测等手段，对分布式的工厂资源与服务进行配置优化，达到工厂组织结构、运行模式的自适应变化，其本质是通过多个“智能化”服务的合理优化配置实现“智慧化”目标。根据制造互联中的工厂互联化环节，与制造执行中的数据采集、分析与应用三个环节，以及制造协同中的服务配置环节，智慧工厂的技术架构体系应包括五个层次，即物物互联层、对象感知层、数据分析层、业务应用层和云端服务层，这些层次将逐步实现工厂制造过程的互联化、数字化、信息化、智能化和智慧化这“五化”目标。同时，体系中还包括大数据中心，负责完成智慧工厂大数据的处理、存储、分析和应用等环节，为各层次功能实现提供数据支撑。

在“中国制造2025”及工业4.0信息物理融合系统CPS的支持下，离散制造业需要实现生产设备网络化、生产数据可视化、生产文档无纸化、生产过程透明化、生产现场无人化等先进技术应用，做到纵向、横向和端到端的集成，以实现优质、高效、低耗、清洁、灵活的生产，从而建立基于工业大数据和“互联网”的智慧工厂。

1.生产设备网络化，实现车间“物联网”

工业物联网的提出给“中国制造2025”、工业4.0提供了一个新的突破口。物联网是指通过各种信息传感设备，实时采集任何需要监控、连接、互动的物体或过程等各种需要的信息，其目的是实现物与物、物与人，所有的物品与网络的连接，方便识别、管理和控制。

传统的工业生产采用M2M的通信模式，实现了设备与设备间的通信，而物联网通过things to things的通信方式实现人、设备和系统三者之间的智能化、交互式无缝连接。

在离散制造企业车间，数控车、铣、刨、磨、铸、锻、铆、焊、加工中心等是主要的生产资源。在生产过程中，将所有的设备及工位统一联网管理，使设备与设备之间、设备与计算机之间能够联网通信，设备与工位人员紧密关联。

如数控编程人员可以在自己的计算机上进行编程，将加工程序上传至DNC服务器，设备操作人员可以在生产现场通过设备控制器下载所需要的程序，待加工任务完成后，再通过DNC网络将数控程序回传至服务器中，由程序管理员或工艺人员进行比较或归档，整个生产过程实现网络化、追溯化管理。

2.生产数据可视化，利用大数据分析进行生产决策

“中国制造2025”提出以后，信息化与工业化快速融合，信息技术渗透到了离散制造企业产业链的各个环节，条形码、二维码、RFID、工业传感器、工业自动控制系统、工业物联网、ERP、CAD/CAM/CAE/CAI等技术在离散制造企业中得到广泛应用，尤其是互联网、移动互联网、物联网等新一代信息技术在工业领域的应用，离散制造企业也进入了互联网工业的新发展阶段，所拥有的数据也日益丰富。离散制造企业生产线处于高速运转，由生产设备所产生、采集和处理的数据量远大于企业中计算机和人工产生的数据，对数据的实时性要求也更高。

在生产现场，每隔几秒就收集一次数据，利用这些数据可以实现很多形式的分析，包括设备开机率、主轴运转率、主轴负载率、运行率、故障率、生产率、设备综合利用率（OEE）、零部件合格率、质量百分比等。首先，在生产工艺改进方面，在生产过程中使用这些大数据，就能分析整个生产流程，了解每个环节是如何执行的。

一旦有某个流程偏离了标准工艺，就会产生一个报警信号，能更快速地发现错误或者瓶颈所在，也就能更容易解决问题。利用大数据技术，还可以对产品的生产过程建立虚拟模型，仿真并优化生产流程，当所有流程和绩效数据都能在系统中重建时，这种透明度将有助于制造企业改进其生产流程。

再如，在能耗分析方面，在设备生产过程中利用传感器集中监控所有的生产流程，能够发现能耗的异常或峰值情形，由此便可在生产过程中优化能源的消耗，对所有流程进行分析将会大大地降低能耗。

3.生产文档无纸化，实现高效、绿色制造

构建绿色制造体系，建设绿色工厂，实现生产洁净化、废物资源化、能源低碳化是中国制造2025实现“制造大国”走向“制造强国”的重要战略之一。目前，在离散制造企业中产生繁多的纸质文件，如工艺过程卡片、零件蓝图、三维数模、刀具清单、质量文件、数控程序等，这些纸质文件大多分散管理，不便于快速查找、集中共享和实时追踪，而且易产生大量的纸张浪费、丢失等。

生产文档进行无纸化管理后，工作人员在生产现场即可快速查询、浏览、下载所需要的生产信息，生产过程中产生的资料能够即时进行归档保存，大幅降低基于纸质文档的人工传递及流转，从而杜绝文件、数据丢失，进一步提高了生产准备效率和生产作业效率，实现绿色、无纸化生产。

4.生产过程透明化，智能工厂的“神经”系统

“中国制造2025”明确提出推进制造过程智能化，通过建设智能工厂，促进制造工艺的仿真优化、数字化控制、状态信息实时监测和自适应控制，进而实现整个过程的智能管控。在机械、汽车、航空、船舶、轻工、家用电器和电子信息等离散制造行业，企业发展智能制造的核心目的是拓展产品价值空间，侧重从单台设备自动化和产品智能化入手，基于生产效率和产品效能的提升实现价值增长。

因此，其智能工厂建设模式为推进生产设备（生产线）智能化，通过引进各类符合生产所需的智能装备，建立基于制造执行系统MES的车间级智能生产单元，提高精准、敏捷、透明制造的能力。离散制造企业生产现场，MES在实现生产过程的自动化、智能化、数字化等方面发挥着重要作用。

首先，MES借助信息传递对从订单下达到产品完成的整个生产过程进行优化管理，减少企业内部无附加值活动，有效地指导工厂生产运作过程，提高企业及时交货能力。其次，MES在企业和供应链间以双向交互的形式提供生产活动的基础信息，使计划、生产、资源三者密切配合，从而确保决策者和各级管理者可以在最短的时间内掌握生产现场的变化，做出准确的判断并制定快速的应对措施，保证生产计划得到合理而快速的修正、生产流程畅通、资源充

分有效地得到利用，进而最大限度地发挥生产效率。

5.生产现场无人化，真正做到“无人”工厂

“中国制造2025”推动了工业机器人、机械手臂等智能设备的广泛应用，使工厂无人化制造成为可能。在离散制造企业生产现场，数控加工中心、智能机器人和三坐标测量仪及其他所有柔性化制造单元进行自动化排产调度，工件、物料、刀具进行自动化装卸调度，可以达到无人值守的全自动化生产模式。

在不间断单元自动化生产的情况下，管理生产任务优先和暂缓，远程查看管理单元内的生产状态情况，如果生产中遇到问题，一旦解决，立即恢复自动化生产，整个生产过程无须人工参与，真正实现"无人"智能生产。

二、智慧工厂建设与智能装备

1.智慧工厂建设应注重装备发展的四个方向

（1）装备与系统的功能逐渐增多，各工作单元间的关系日趋复杂。复杂的装备必然引起故障点及影响安全因素的增加。（2）装备自动化程度增加、结构复杂度增加、规模越来越大、造价越来越高、维修度也越来越高。（3）装备的性能提高，很多装备的追求生产的极限性能，如产能、速度等。故障的影响程度不断增大，事故引起的损失惊人。（4）装备在工厂，乃至国民经济的发展和社会生产生活中的地位和重要性越来越重要。

2.智慧工厂对装备运行的要求

装备是智慧工厂的基础，且智慧工厂要求的是智能装备，主要表现在以下几个方向。首先是装备的稳定性。包括产出性能稳定性、生产效率稳定性、加工质量稳定性。智慧工厂是一个整体的系统，装备是执行环节，因此，稳定性是所有执行环节的首要要求。在装备自身的复杂性发展趋势下，如何还能同时保持住稳定性，这便是装备智能化的研究课题。其次是装备的柔性化水平。同一个生产单元需要按参数定制出不同的产品模块，因此，智慧工厂要实现个性化定制的前提是生产装备的柔性化水平的提高。最后是装备的开放性。相对数字化工厂时代最为重要的变革是基于物联网技术、由各生产要素参与的横向

集成，智慧工厂的核心要求是强调“三大集成”。

以上几点对装备研发设计、改造和运维管理都提出了明确的要求。装备的维护一般来说有四个通道。（1）事后维护通道，（2）预防性维护通道，（3）预测性维护通道，（4）改善性维护通道。

在智慧工厂环境下，事后维护成本较高，会引起生产过程的非计划停机，进而引起质量、产能和交期等影响，因此，需要尽力避免，尤其是对关键工序上的核心设备而言。预防性维护也会存在过度维护或维护不足的问题。而预测性维护由于抓住了装备故障的规律，因此，维护成本较低而且对生产系统尽可能扰动小而广受注视。同样，改善性维护针对故障的根本性原因或其他征兆，采用主动维护手段，力求以小见大，并根治问题，成为智慧工厂环境下的重要维护手段。

随着互联网技术的快速发展，预测性维护在近些年也得以迅速发展，建立了以各级点巡检、在线状态监测为基础的隐患信息来源，并结合设备健康模型，应用工业大数据、云计算等技术手段，呈现在线化、智能化、可视化、全生命周期化等特点。

智慧工厂建设应注重哪些方面呢？安全、可靠、先进的技术装备是企业实现高效、低耗、灵活、准时生产和提供合格产品和服务的物质基础。随着技术的进步，现代企业的设备逐渐朝系统化、自动化、技术密集化方向发展，设备的构成更加复杂、功能更加强大，设备的使用与管理环境也发生了很大的变化……

三、智慧工厂四大典型应用场景

智慧工厂包含工厂运营管理的五个方面，制造资源控制、现场运行监管、物流过程管控、生产执行跟踪、质量工作监督，通过对MES、QMS、ERP、SCM等系统的集成以及对自动化设备传感器数据的对接，打造企业的智慧工厂管理平台，实现制造管理的统一化与数字化。

1.制造资源控制

主要是指对制造过程中的人、机、料等相关生产资源的管理。涉及对

BOM单的自动生成、原材料及辅料的领用、半成品与线边仓的管理、成品的投入产出情况等，需要对物料齐套率、物料损耗比率、半成品周转、投入产出比、回收率等指标进行监控与分析，确保制造资源及时到位、高效流转、降损再造；设备效率对制造资源的影响巨大，应从设备巡检、故障管理、备件管理、技术档案等四个方面进行管控，利用电子扫码技术实现一物一码、一人一码的管理模式，打造企业设备全流程精准管理系统；自动化技术的发展促进了无人工厂的诞生，但是无人工厂的局限性很大，很多企业并不适合，所以目前来看，人员还是制造资源的核心之一，结合工艺流程改进、生产计划排程、人员排班管理，可达到优化生产效率、维持生产节拍的目的。

2.现场运行监管

这是对7S管理的数字化改造。一方面利用基于传感器建立的数据实时采集系统完成对生产现场环境数据的采集、设备运行参数与状态数据的采集、流水线作业关键岗位产能数据的采集，解决了原本7S管理数据采集的滞后性与人工采集带来误差的问题；另一方面利用视频监控以及图像识别技术实现对设备停机、传送带卡料、产品积压、员工离岗等异常情况的预警推送，作为7S管理评分的有力依据；最后通过数据分析软件FineBI对接生产系统数据以及上述采集到的数据，进行多维度对比分析，辅助生产管理者进行有效决策。

3.物流过程管控

它包含供应商发货、工厂内部周转、客户发货三个环节。利用车联网技术与大数据处理技术将物流车辆的实时地理位置与行车轨迹数据进行实时采集，完成对供应商和客户两个环节的物流过程管控；利用AGV小车实现物料自动领用、半成品自动周转、成品自动入库，打造无人分拣、智能搬运的智慧仓储作业系统，大大提高了工厂内部物流的周转效率。

4.生产执行跟踪

这是指对生产计划执行过程的实时监控以及对执行结果的管理决策，结合MES系统与数据分析工具FineBI，让各层级管理人员能够随时了解生产动态，包括出勤情况、计划生产进度、计划完成率及效率等，实现生产异常在线分析和闭环跟进，优化数据提取及分析模式，减负赋能，提前管理，建立问题找人，分层管理机制。

5.质量工作监督

这套流程涵盖来料品质管控、制程品质管控、出货品质管控三个环节，从质量策划、检验、保证、监督、改善、服务、体系和流程等七个方面重点建设，利用编码技术实现产品和物料的批次管控，减少因批量质量问题带来的成本损失，同时用SPC方法分析工序过程能力与质量管控水平，确保产品质量保持在合理的范围内波动。

在智慧工厂的建设过程中，不同的业务活动衍生出不同的信息化功能需求，而不同的功能需求又促生了不同新技术的发展，业务、功能与技术的结合形成了智慧工厂的应用场景。基于上述智慧工厂管理平台五大模块的内容，提炼出了智慧工厂的四大应用场景。

（1）应用场景一：智慧园区管理

智慧工厂对产业园的综合管理提出了更高的要求，传统产业园由于管理工作繁多，很多模块都是单独管理，无法做到资源的统一协调，且很多数据并不是实时在线，大大增加了管理难度。

智慧工厂要求对园区的视频监控、安防报警、人员巡查、门禁考勤、访客管理、一卡通管理、停车位、会议室、信息发布、能源使用情况、环境变化、设备参数等工作进行实时在线的统一管理，企业可利用传感器技术实现动态捕捉、热成像报警、人脸识别、温湿度感应等，再利用OA或报表系统实现在线巡检、信息发布、会议室线上预约、访客线上登记等，将系统数据和传感器数据利用微服务接口的方式进行调用，形成园区全貌管理指标，最后利用3D建模技术开发智慧园区全局管理模型或利用数据分析工具制作园区综合管理驾驶舱，实现对园区资源的统一高效管理，打造绿色、高效、安全的智慧园区。

（2）应用场景二：智慧物流管理

物流一直是工厂管理的薄弱环节，大多数制造企业依赖第三方物流公司进行产品和原材料的运输，而对第三方物流机构的管理缺乏有力且有效的手段，导致对客户的交付时间把控不准以及对物流异常无法追溯真实原因。

企业可基于车联网技术将物流车辆的实时地理位置信息进行保存，再利用大数据处理技术实时监控所有物流车辆的运行状态，对停车超时、未按规定路线行驶、车速异常等情况进行实时报警，对收发货异常的订单可追溯其物流车辆的历史轨迹与停靠点记录，实现物流各环节精细化、动态化、可视化管理，提高物流系统智能化分析决策和自动化操作执行能力，提升物流运作效率。

（3）应用场景三：三位一体监造平台

随着制造企业对内部生产过程管理能力的提高，衍生出了上下游监造管理的需求，一方面是对供应商原材料质量管控的进一步延伸，另一方面是对客户满意度更加重视的表现。从供应商到工厂再到最终客户的三位一体监造平台，是智慧工厂的核心应用场景。

为了满足大客户监造接入需求，企业可利用微服务技术通过接口将生产过程数据和作业视频提取出来，同时利用数据分析平台给客户提供带有分析结果的产品出厂数据，通过权限管理开放给对应客户，实现快速响应客户监造平台数据对接以及远程厂验的需求，提升客户对产品的信任度。

而对于供应商的监造管理需要从四个方面入手。第一，对接其产线设备传感器数据，掌握供应商生产过程中的设备参数，便于后期异常追溯；第二，接入生产监控视频，实现对供应商生产作业的实时监控，提高管理力度；第三，打通供应商的生产信息系统，掌握供应商订单的执行进度与质量情况，可有效预估订单风险；第四，开发数据上报界面，对供应商临时零散的数据做到及时规范的搜集，提高协同能力。

（4）应用场景四：质量闭环追溯

传统的质量管理方式局限于对当时产品生产过程数据的监控，在出现批量质量异常时无法有效锁定不良批次，对导致异常的物料无法追溯使用在哪些成品中，增加了质量处理成本与管控难度。

质量追溯可帮助企业更实时、高效、准确、可靠地实现生产过程和质量管理，结合条码自动识别技术、序列号管理思想以及条码设备，可有效搜集产品或物料在生产和物流作业环节的相关信息数据，每完成一个工序或一项工作，记录其检验结果、存在问题、操作者及检验者的姓名、时间、地点及情况分析，在产品的适当部位做出相应的质量状态标志，跟踪其生命周期中流转运动的全过程，使企业能够实现对采、销、生产中物资的追踪监控、产品质量追溯、销售窜货追踪等目标。最后利用数据分析工具建立质量计划、过程控制、发现问题、异常处理、管理决策、问题关闭的质量闭环管理平台，形成经验库与分析报表来支撑企业打造一套来源可溯、去向可查、责任可追的质量闭环追溯系统。

智慧工厂的应用远不止于此，随着新技术、新理念的诞生，智慧工厂也将在新时代有新的表现形式，制造管理者应把握新形势，通过执行层自动化与管理层信息化的融合，加快智慧工厂的建设步伐。

四、机器人与“智能制造”“智慧工厂”的关系

当前，在工业4.0和“中国制造2025”的热潮下，中国不少地区提出“机器换人”战略，以应对劳工短缺问题。但是生产线上机器人各有利弊。机器人生产线是制造行业转型的方向之一，这点毋庸置疑。对于中国的制造企业而言，对于是否上机器人不同的企业有不同的诠释。同时，机器人生产线并非是企业实现智能制造的唯一标志。企业将旧生产线改造为机器人生产线，是企业自动化、智能化提升的一个表现，但机器人生产线不是企业或工厂实现智能制造的唯一标志。另外，智慧工厂的内容也不仅仅包括机器人生产线，还包括“全面掌控，精准执行”的CPS（信息物理系统）和“科学指挥”的MES。CPS强调的是人机物融合联网和统一指挥，MES强调的是从制造执行（也就工业4.0的纵向整合）、供应链（也就是工业4.0的横向整合）和设计工艺（也就是工业4.0的设计整合）三个维度的管理提升。借助智能制造理念和方法，中国企业持续创新、改进智能制造技术、不断提高整体智能化水平，才是智能制造的最有效方式。

第七章　机器人应用与智能化农业

第一节　智能化农业机械装备技术

我国是传统意义上的农业国家，拥有着面积最多的耕地，但是由于我国的人口现状导致了人均耕地占有量很低。这是十分不利于我国农业长远发展的，发展现代农业，必须要发展精准农业，提高耕地的使用效率。因此，要以科学为导向发展农业，在实现农业机械化的基础上，将电子信息技术运用于现代农业中，提高农业机械的功能性和科学性。这是我国农业机械生产的未来发展趋势和走向。我国的农业机械化仍处于初始阶段，和欧美发达国家相比，农业的精细化水平还比较低，特别是农业机械的科技含量有待提高。

一、电子信息技术融入农业生产概述

电子信息技术，从广义上来说就是指以互联网络和信息转化设备为载体，进行信息的发掘、信息汇集、信息转化、信息传播与信息利用的一系列过程。目前，电子信息技术已经在世界范围内得到了广泛运用，不仅改变着传统的生活方式，也促进了各个行业的效能提升。就拿我国的农业发展来说，在未融入电子信息技术之前，我国农业经济发展受制于“地少人多”、农业作业效能低下、土地利用率不高等发展难题，这导致了我国农业经济在很长时间内都未能获得较大发展，而伴随着电子信息技术在农业生产中的逐步融入，用于农业生产的机械作业效能得到了很大提升，既缓解了土地利用率低的问题，也促进了农业经济“质”与“量”的发展。这对国内的农业发展来说，可谓是从运

作模式上获得了本质性的飞跃。通过对农作器械的电子信息技术改造，农业生产变得自动化、智能化，目前信息化技术对于农业生产的改善具有五方面的优点。（1）机械化生产的科技含量大幅提升，提高了农作效率；（2）高效的资源利用与环境保护相结合；（3）农作过程变得更加精细、准确；（4）减少了农民体力劳动，改善了农作条件；（5）统筹规划的生产能力增强。

二、智能化农业机械装备技术解析

1.信息与网络技术

信息与网络技术主要是将农业生产与信息网络相结合的一门技术，广泛应用于农业生产中，提高了生产效率。由于农业生产受到诸多因素的影响，比如，气候、土壤、病虫害、种子的质量、化肥的使用情况等，其中任何一个环节出现问题都会直接影响到农业生产质量，传统农业机械技术对这些影响因素无法预计，只能顺其自然，而信息与网络技术可以通过设定程序将这些影响因素通过电脑预测出来，并针对预测的结果进行有效分析，监测种子的质量、天气情况、土壤状态以及病虫害状况，可以做到在准确的时间消除虫防害，同时对于恶劣天气提前做好防范工作，在适当的时间施肥，不仅能够提高农业生产效率，还能够提高粮食产量，将信息网络技术应用于农业生产中具有较大的现实意义。

2.农业机器人技术

在农业生产中也可以有效地应用机器人，具有重要的应用价值。首先，在农业劳作中有许多劳动强度大，操作环境复杂的作业，会耗费大量人力物力。而运用农业机器人进行操作，只要设定程序就能避免这些问题，安全性高，并能提高生产效率。其次，农业机器人的使用能减少化肥、农药等对农业从业人员身体的伤害，为农业生产提供一个好的环境，保障农业工作人员的权益。最后，农业机器人代替农业工作人员能够在很大程度解决农业劳动力不足的问题，推动我国农业的可持续发展。

3.自动控制机械技术

自动控制机械技术在农业机械生产中的有效应用能提高农业生产效率，

同时降低农业工作人员的劳动强度，在农业机械生产中应用自动控制机械技术的最大优势在于使农业生产更加人性化，通过设定相应程序，使农业机械在运转中根据实际情况，自己做出改变，最大化完成任务。例如，在收割过程中，根据粮食的疏密程度自己设定收割速度，在粮食密的地方放慢速度做到不遗漏粮食，不进行二次收割，在粮食疏的地方可以加快收割速度，提高农业生产效率，节省时间。可见，自动控制技术的应用使农业机械化水平更高，效果更好。例如，农用自动化防霜机，主要是利用高度传感器、角度传感器检测防霜机的运行参数，包括液压升降立柱高度、风机俯角等，实现自动化操作，从而提高了工作效率。

4.人工智能机械技术

将人工智能机械技术应用到农业生产中是实现农业技术专业化、智能化的重要手段，人工智能机械技术在农业生产中的作用主要包括科学计算出种子使用数量、化肥使用数量、农药使用数量等，通过设定相关程序，对土壤的水分情况、农作物的生长状况、病虫害的轻重情况、气候情况等做出科学的预测，在最恰当的时间进行灌溉、除虫、施肥、收割，甚至可以计算出最佳的种植方案。例如，这块土地适合种植哪些农作物，种植多少农作物能够实现利益最大化，在种植多长时间后需要喷洒农药进行除草，几天进行一次灌溉等，通过人工智能机械技术能够准确地计算出来。

5.液压机械技术

液压机械技术广泛应用于农业生产中，液压机械技术由于具有环保、节能、稳定性好的特点在农业新机械技术中具有重要的位置，液压机械技术分为三个部分。第一，节能技术，液压机械技术在节约能源方面具有显著的优势。第二，静液压转动技术，该技术能使机器根据具体情况改变转动的速率，不仅能提高农业生产的效率，还能延长机械的使用寿命，且该技术稳定性较好，适用于农业机械生产。第三，无泄漏技术，液压机械技术中的无泄漏技术能够很好地避免泄漏情况的发生。由此，液压机械技术被广泛应用于农业机械生产中，同时也是农业新机械技术中最实用的技术之一。例如，将农用液压轮式小型挖掘机应用于农业生产中，能实现土壤的快速翻新，从而提高农业生产的效率。

总之，在农业机械生产过程中，应用新机械技术能够有效地提高生产效率，提高农作物产量，环保节能，推动我国农业的发展。此外，在日后的工作中，还应该结合农业生产经验，对农业机械技术进行不断地创新和完善，以实现最佳的生产效果，促进我国农业的可持续发展。

第二节 农业机器人应用实例

农业机器人是用于农业生产的特种机器人，是一种新型多功能智能化农业机械，是“互联网+”在农业机械上应用的结果。农业机器人的问世，是现代农业机械发展的成果，是机器人技术和自动化技术互融发展的产物。农业机器人的出现和应用，使农业装备有了人一样的思考和判断能力，会“代替”人从事农业生产，会彻底改变传统的农业劳动方式，大大提高劳动生产率，使农业劳动真正变成田园牧歌，农民则成为受尊敬的职业，促进现代农业的发展。这里介绍几款典型的农业机器人，供智能农装研发生产者和农业生产经营者参考。

1.施肥机器人

由美国一家农业机械公司的科技人员推出，会从不同土壤的实际情况出发，适量施肥。它的准确计算合理地减少了施肥的总量，降低了农业成本。由于施肥科学，还能使地下水质得到改善。国内已研制并应用基于GPS或北斗定位导航的智能化变量播种、施肥、旋耕复式作业机具。使用表明，这种智能化机具可一次完成耕整地、播种、施肥等多种作业。操作简单，通过电脑显示屏设置和调控机具作业参数，作业效率、质量明显提高，达到节种、节肥、节药、节能降耗之目的。2BYFZ-4智能型玉米精量播种施肥机，采用自主研发的种、肥专用传感器，具有种子和肥料检测与自动补种、补肥、自动疏通装置，以及基于CAN总线专用控制器与触控软件系统。前者完成已播种数、重播数、漏播数的计量，以及缺种、堵塞故障报警、自动化补种；后者能实现株距与施肥量的电动无级调节。

2.除草机器人

美国研究人员开发的除草机器人所使用的是一部摄像机和一台识别野草、蔬菜和土壤图像的计算机组织装置，利用摄像机扫描和计算机图像分析，层层推进除草作业。它可以全天候连续作业，除草时对土壤无侵蚀破坏作用。我国对自动对靶喷雾技术等识别性变量喷药进行了长时间的深入研究，并已开发出相应机具应用于农业生产。如将红外探测技术、自动控制技术应用于喷雾机上，研制出果园自动对靶喷雾机，较好地解决了现行果园病虫害防治问题，大大提高了农药利用率，减轻甚至消除了药害，解决了环境污染问题。

3.柑橘采摘机器人

西班牙科技人员发明的这种机器人由一台装有计算机的拖拉机、一套光学视觉系统和一个机械手组成，能够从橘子的大小、形状和颜色判断出是否成熟，以决定可不可以采摘。它作业速度极快，摘柑橘效率达60个/min，而手工作业效率仅8个/min。另外，通过装有视频器的机械手，能对摘下来的柑橘按大小马上分类。我国已成功研制果蔬智能采摘机器人，为了实现对樱桃、番茄果串的识别定位，提出了一种基于视觉伺服技术的激光主动测量方法，通过实时获取果串内果粒的图像坐标，控制执行部件动态调整摄像机的空间姿态，对不同果粒进行对靶测距，并据此测算果串外形参数，为采摘机器人自动采收提供依据。适用于樱桃、番茄的采摘。

4.蘑菇采摘机器人

英国西尔索农机研究所发明的这种机器人装有摄像机和视觉图像分析软件，用来鉴别所采摘蘑菇的数量及属于哪个等级，从而决定运作程度。机上的红外线测距仪测定出田间蘑菇的高度之后，真空吸柄就会自动伸向采摘部位，根据需要弯曲和扭转，将采摘的蘑菇及时投入到紧跟其后的运输机中。采摘蘑菇作业效率达40个/分钟，是人工的2倍。

5.挤奶机器人

英国剑桥大学的奶牛场，机器人安装在奶牛圈舍旁边，奶牛一旦需要挤奶，会自动排队等待机器人服务。这时，机器人会先对奶牛的乳房进行扫描定位并进行清洁消毒，通过自动感知把吸奶嘴固定好，然后挤奶。挤奶机器人挤奶过程中对奶质进行检测，检测内容包括蛋白质、脂肪、含糖量、温度、颜色、电解质等。对不符合质量要求的牛奶，自动传输到废奶存储器；对合格的牛奶，机器人也要把每次最初挤出的一小部分奶弃掉，以确保品质和卫生。挤奶机器人还能自动搜集、记录、处理奶牛体质状况、泌乳数量、每天挤奶频率等，并将其传输到电脑网络上。一旦出现异常，会自动报警，大大提高了劳动生产率和牛奶品质，有效降低了奶牛发病机率，节约了管理成本，提高了经济效益。据调查，挤奶机器人的使用，可以提高奶产量20 %~50 %。

6.放牧机器人

澳大利亚的发明家创造出一种像牧羊犬的机器人，它能在农场上代替传统的放牧劳力（人或牧羊犬）。它使用2D和3D感应器，且内置了全球定位系统，能够根据牛群的运动速度来赶着它们移动。牛群被机器人赶着不断绕圈走，十分有趣。目前，这款机器人已通过应用测试阶段，使用效果理想。

7.葡萄园机器人

法国的发明家发明了专门服务于葡萄园的机器人，并把它命名为Wall-Ye。它几乎能代替种植园工人的所有工作，包括修剪藤蔓、剪除嫩芽、监控土壤和藤蔓的健康状况等。除此之外，Wall-Ye比现有的种植园机器人多出一种功能——安全系统。Wall-Ye不但能在由程序设定好的种植园工作，危险情况下还能启动自我毁灭程序。

8.育苗和移栽机器人

育苗工作大部分内容都是把盆栽作物搬来搬去，单调而枯燥，浪费人力而且效率不高。美国波士顿的育苗机器人很好地解决了这个问题。这种育苗机器人由滚动轮胎、抓手和托盘组成。工作人员只要在触摸屏上设定地点参数，机器人就能感应盆栽，并自动把它们移动到目的地。德国科学家研发出一款名为BoniRob的农业机器人，它配备高精度的卫星导航，能将自己的位置精确到两厘米以内。其外形像四轮越野车，工作原理是利用光谱成像仪来区分出绿色作物和褐色的土壤，在行进中记录每株作物的位置，在生长季中一次次返回原地观察它们的生长状况。

9.蜜蜂机器人

据《科学》杂志报道，这种机器人的设计灵感来自苍蝇仿生学。蜜蜂机器人拥有极薄的翅膀和由压电制动器制成的“飞行肌肉”。这些压电制动器是在应用电场时可以扩张和收缩的陶瓷条。每个翅膀都被固定在线腿上方一个细长碳纤维躯干的顶部。和真正的苍蝇一样，这些翅膀可独立活动、旋转和拍打。拍打翅膀产生向下气流，使蜜蜂机器人升到空中。它的向前和向后飞行是靠倾斜身体完成的。

10.棉花采摘机器人

对农民来说，收棉花是一件苦差事。而且人工采棉耗费的成本相当大，所投入的劳动力约占整个生产过程的50 %。如在新疆生产建设兵团，种植700万亩棉花，每年付出拾花采摘费近4亿元。南京农业大学工学院副教授王玲所在的团队研发出一种机器人，不仅可以采摘棉花，还能迅速、准确地判断出籽棉的品级，从而避免重复或无谓劳动。而在种植时，只需让棉花植株的种植间距满足机器人的宽度，棉田留予一定的条宽来满足采摘机械手的工作幅宽。

从国内外农业机器人研发应用来看，我国农业机器人研制应从以下三方面求突破。

（1）智能化的农作物识别定位系统。包括硬件和软件的图像、信息处理。目前，识别定位方法除了机器视觉外，还应用到激光及超声等技术手段。双目立体视觉、主动移动式视觉应该受到关注。

（2）柔性采摘灵巧手取代机械臂，以减少对作业对象的损伤，提高其实用性。

（3）应研发专用型机器人。农业生产品目繁多，我们不能指望研发通用型农业机器人。农业生产中品种、高矮、大小、形状、软硬、作业要求等各不相同，因此，几乎每种生产都要有相应的机器人。

这一方面说明了工作的难度大，但另一方面也展示了其广阔的前景，以及其潜在的巨大市场需求。因此，我国要后来居上，赶超先进技术，研制工作应走引进吸收、借智创新、超越提高的路子，以尽快形成我国农业机器人（智能化农业装备）体系，满足农业发展对农业装备转型升级的要求，提高农业智能化水平，推动农业现代化发展。

第三节　智能农业机器人在现代农业中的应用

现代农业的基石就是农业机械化，更是实现农业现代化的重要标志。随着我国人口结构不断老龄化，农业劳动力平均从业年龄在逐步增高，产业成本也在增高。与此同时，我国还面临着一些能够严重制约农业健康发展的问题，例如农业生产成本快速增高、农村地区环境污染不断加重、水资源短缺、土壤肥力逐渐下降和耕地资源不断缩减等。在农业生产实践中投入智能农业机器人可以大大降低人工劳动强度，降低生产成本，提高农业资源利用循环率，解决农业生产劳动力资源不足、生产力低下的问题。

一、智能农业机器人的结构特征以及分类

1.智能农业机器人的特征

和在工业领域被广泛应用的机器人相比较，智能农业机器人具备以下三个突出特点。（1）工作对象十分复杂。智能农业机器人必须具备很强的识别能力，并因此为依据做出不同的动作，保证力度适中。因为农业领域和工业领域是不相同的，农作物一般都比较容易受到损伤和破坏，并且产品种类丰富，形状各异，有的甚至外形相似但有着本质差别。（2）工作环境较为复杂。除了受到地表倾斜度等地形条件的束缚，智能农业机器人还受天气的影响。随着时间和空间的变化，农作物也在不断变化，这就要求智能农业机器人要有更高的智能度。（3）其操作要求特殊。考虑到农业从事者中大多数不具备专业的机械设备知识和电子知识，知识文化水平不高，所以智能农业机器人的设备、操作系统和页面要简单、可靠、耐用。

2.智能农业机器人的基本结构

智能农业机器人不仅集成了传感器、图像识别、系统集成、人工智能和通信等尖端科学技术。而且智能农业机器人还由末端执行器、控制、移动、机

器视觉系统和传感器等装置所组成。农业机器人的目的是农业生产，不仅需要具有强烈的信息感知能力，还要有可重新进行编程的功能，更要具有柔性自动化或者半自动化的设备。

3.智能农业机器人分类

因为工作领域不同，所以智能农业机器人可分为田间生产机器人、农产品加工机器人和设施农业机器人三大类。每一类的农业机器人还可以根据工作内容的不同进行深层次的细分。（1）设施农业机器人可以细分为水果嫁接机器人、花卉扦插机器人、蔬菜收获机器人（番茄、辣椒、丝瓜）、水果收获机器人（葡萄、橘子、荔枝）、植物全程机器人（除草、育苗、移栽）等。（2）大田生产机器人可以细分为大田播种机器人（插秧、播种）、大田收获机器人（西瓜、甘蓝、谷物）、大田植保机器人（喷药、除草、施肥）等。（3）农产品加工机器人可以细分为肉类加工机器人、挤奶机器人、剪动物毛机器人等。

二、智能农业机器人在中国的发展概况

中国农业机器人起步较晚，底子又不厚，投资规模相对来说很小，导致发展速度十分缓慢，因此，在现阶段依旧处于研究时期，和发达国家相比较起来差距还十分巨大。由于发达国家的起步较早，因此，发展相当迅速。美国以及韩国等已开发出用于收获番茄、丝瓜、黄瓜、草莓、葡萄等蔬菜水果的多种智能农业机器人，并且工作效率十分高，质量也十分稳定。这些发达国家已经实现农业生产上的规模精准化，其农业快速发展也促进了智能农业机器人的升级应用。经过国内研究专家的不懈努力和政府政策的大力支持，我国在智能农业机器人技术应用与发展方面已经取得了较好的成果。

三、智能农业机器人在现代农业中的应用

1.杂草处理

智能农业机器人的识别系统可以把田园里面的所有植物都拍摄下来，然后在拍摄到的图像里把作物和杂草作出区分，最后利用喷头将除草剂喷洒到杂

草上。每张600×400像素的图像能够覆盖180×110米的占地面积。根据拍摄到的所有图像，喷头的前进速度还可以通过公式计算出来。

2.植物的采收

利用智能农业机器人来进行采收农作物，不仅成功地帮助了农民在农忙季节里加速并相对轻松地对农作物进行全面抢收，节约人力和时间成本，提高了农业生产化的效率，推进了农业现代化的发展。智能农业机器人的全面应用是我国农业机械自动化、规范化的正确前进道路。

3.农作物的搬运

一些农作物在搬运的过程中容易变形和擦伤，因此，导致农民用传统机器搬运十分困难，但是现在智能农业机器人携带了智能手爪。通过程序控制不会在农产品表面留下抓痕，并保证轻拿轻放，减少农产品耗损。因此该种智能农业机器人在现代农业中适用范围非常广泛，深受广大农民的喜爱。

总而言之，采摘和除草等机器人实现了农业工作的智能化。农业智能机器人的广泛应用显示着我国农业智能化的水平。总体上，我国农业智能机器人存在成本高、使用率低、智能系统不够完善等问题，在未来还需要更进一步地向高效智能化和精准化的方向发展，最终实现一个农业大国到农业强国的完美蜕变。

第八章　智能机器人的未来应用方向

第一节　机器人与智能物流新时代

一、智能物流系统行业概况

由于近年来土地使用成本的提高和我国人口红利的逐渐消失，企业在仓储、物流上必须提高现有土地的利用率以减少企业的土地成本，同时加强自动化建设以降低人工成本的增加给企业所带来的负担，越来越多的企业放弃传统的仓储、物流方式，进而选择智能物流系统。

物流系统上游包括物流装备技术和软件控制系统，中游为系统集成，下游行业包括医药行业、食品冷链、新能源、汽车、煤炭、电力、铁路、烟草行业等具体运用行业。

目前，国外知名的自动化物流系统提供商均已进入国内市场，行业竞争日趋激烈。国外自动化物流系统提供商拥有丰富的行业经验及领先的软硬件技术。国内企业在与国外先进的智能物流系统提供商竞争中不断发展，推出具有自主知识产权智能物流产品，凭借较好的本地化服务优势，在一些低端项目中具备了较强的竞争优势，并成功进入高端项目领域。

下游行业包括锂电、冷链、快递等行业需求开始放量。智能物流最早应用于自动化程度相对较高的行业，如烟草、医药等；2017年我国已建成的智能物流系统中，烟草领域占16 %，医药占13 %，连锁零售占10 %。从新的增长点来看，一方面受益于新能源汽车销量的提升，锂电池需求得到快速增长，锂电工厂为了提升生产效率从而增加自动化开支，锂电自动化物流发展有望充分受益。另一方面，随着电子商务的高速发展，相关的物流中心建设如火如荼，对自动化物流需求进一步增加，同时在消费升级的驱动下，生鲜电商市场正以50 %以上的增速快速发展。

二、智能物流系统行业现状与趋势

1、行业现状

我国物流成本将逐渐降低，智能物流系统空间广阔。我国仓储物流成本较高，智能化仓储物流具有较大潜在需求：2014年，我国社会物流总费用达10.6万亿元，占GDP的16.6 %；而同年的美国物流费用总额仅占GDP的8.2 %，日本是8.5 %，德国则是9 %。纵观全球，物流费用占GDP比例约为11.7 %。

2017年8月国务院发布《关于进一步推进物流降本增效促进实体经济发展的意见》，推动降低物流成本，加快推进物流仓储信息化、标准化、智能化，提高运行效率。自2000年以来国内自动化物流仓储系统市场以年均20 %的速度快速成长，并且近年来增速呈现逐渐加速的趋势。2016年我国自动化物流系统市场规模达758亿，同比增加30 %，其中自动化立体仓库达148.58亿。往前看，我们判断随着自动化设备制造技术的发展以及下游企业对自动化系统需求的增加，物流自动化系统将持续保持高速增长，2~3年之内国内智能物流系统市场仍可维持20+ %的增长，到2018年市场容量有望超过1000亿，2022年将突破2600亿元。

2、未来发展趋势

（1）全供应链化，大数据驱动整个供应链重新组合，不管是上游原材料、生产制造端，还是下游的分销端，都会重新组合，由线性的、树状的供应链转型为网状供应链。

（2）物流机器人会大量出现，不管是阿里巴巴，还是京东，以及顺丰等各大快递企业都会加大投入智能物流的硬件研发和应用。随着人力成本的不断提高，机器人成本与人工成本会越来越接近。简单重复性劳动被机器人取代只是时间问题。

（3）社会化物流会变成全社会经济的重要组成部分。数字化物流会让物流资源在全社会重新配置，不管是快递的人员、工具、设施，还是商品，都会来进行组合，任何一个社会资源都可能成为物流的一个环节。所以，未来智能物流一定是一个自由、开放、分享、透明、有信用的一套新的物流体系。

三、智能物流系统驱动因素

1.国家大力推进“互联网+”物流业

大力推进“互联网+”物流发展，发挥互联网平台实时、高效、精准的优势，对线下运输车辆、仓储等资源进行合理调配、整合利用，提高物流资源使用效率，实现运输工具和货物的实时跟踪和在线化、可视化管理。如国务院办公厅《关于深入实施“互联网+流通”行动计划的意见》中提出，鼓励发展分享经济新模式，激发市场主体创业创新活力，鼓励包容企业利用互联网平台优化社会闲置资源配置，扩大社会灵活就业。

鼓励物流模式创新，重点发展多式联运、共同配送、无车承运人等高效现代化物流模式。商务部《2015年流通业发展工作要点》中提出，深入推进城市共同配送试点，总结推广试点地区经验，完善城市物流配送服务体系，促进物流园区分拨中心、公共配送中心、末端配送点三级配送网络合理布局，培育一批具有整合资源功能的城市配送综合信息服务平台，推广共同配送、集中配送、网订店取、自助提货柜等新型配送模式。

加强物流信息化和数据化建设，国务院办公厅《关于推进线上线下互动加快商贸流通创新发展转型升级的意见》中提出，鼓励运用互联网技术大力推进物流标准化，推进信息共享和互联互通；大力发展智能物流，运用北斗导航、大数据、物联网等技术，构建智能化物流通道网络，建设智能化仓储体系、配送系统。

2.新商业模式涌现，对智能物流提出要求

近十年来，电子商务、新零售、C2M等各种新型商业模式快速发展，同时消费者需求也从单一化、标准化，向差异化、个性化转变，这些变化对物流服务提出了更高的要求。电商快速发展，电商带动快递业从2007年开始连续9年保持50 %左右高速增长，2016年业务量突破300亿件大关，达313.5亿件。行业爆发式增长的业务量对物流行业更高的包裹处理效率以及更低的配送成本提出了要求。

新零售兴起，企业以互联网为依托，通过运用大数据、人工智能等先进技术手段，对线上服务、线下体验以及现代物流进行深度融合的零售新模式。这一模式下，企业将产生如何利用消费者数据合理优化库存布局，实现零库存，利用高效网络妥善解决可能产生的逆向物流等诸多智能物流需求。

C2M兴起，由用户需求驱动生产制造，去除所有中间流通加价环节，连接设计师、制造商，为用户提供顶级品质、平民价格、个性且专属的商品。这一模式下，消费者诉求将直达制造商，个性化定制成为潮流，对物流的及时响应、定制化匹配能力提出了更高的要求。

3.物流运作模式革新，推动智能物流需求提升

互联网时代下，物流行业与互联网结合，改变了物流行业原有的市场环境与业务流程，推动出现了一批新的物流模式和业态，如车货匹配、众包运力等。基础运输条件的完善以及信息化的进一步提升激发了多式联运模式的快速发展。新的运输运作模式正在形成，与之相适应的智能物流快速增长。

车货匹配，可分为两类：同城货运匹配和城际货运匹配。货主发布运输需求，平台根据货物属性、距离等智能匹配平台注册运力，并提供SOP等各类增值服务。对物流的数据处理、车辆状态与货物的精确匹配度能力要求极高。

众包运力：主要服务于同城匹配市场，兴起于O2O时代，由平台整合各类闲散个人资源，为客户提供即时的同城配送服务。平台的智能物流挑战包括如何管理运力资源，如何通过距离、配送价格、周边配送员数量等数据分析进行精确订单分配，以期望为消费者提供最优质的客户体验。

多式联运：包括海铁、公铁、铁公机等多类型多式联运方式，多式联运作为一种集约高效的现代化运输组织模式，在“一带一路”倡议的布局实施过程中，迎来了加速发展的重要机遇。由于运输过程中涉及多种运输工具，为实现全程可追溯和系统之间的贯通，信息化的运作十分重要。同时新型技术如无线射频、物联网等的应用大大提高了多式联运换装转运的自动化作业水平。

4.大数据、无人技术等智能物流相关技术日趋成熟

无人机、机器人与自动化、大数据等已相对成熟，即将商用；可穿戴设备、3D打印、无人卡车、人工智能等技术在未来十年左右逐步成熟，将广泛应用于仓储、运输、配送、末端等各物流环节。

四、智能物流行业未来发展的机遇分析

1.工业4.0时代，客户需求高度个性化，产品创新周期继续缩短，生产节拍不断加快，对支撑生产的物流系统提出巨大挑战。智能物流是工业4.0的核心组成部分。

在工业4.0智能工厂框架内，智能物流是连接供应和客户的重要环节，也是构建未来智能工厂的基石。智能单元化物流技术、自动物流装备以及智能物流信息系统是打造智能物流的核心元素。

2.政策加码推广工业互联网，利好智能物流系统长足发展。

自2015年以来，政策不断支持和加码我国工业互联网、智能制造的发展。2017年11月，国务院发布《关于深化“互联网+先进制造业”发展工业互联网的指导意见》，对工业互联网提出新的发展要求，并提出2025年培育百万工业APP、实现百万家企业上云的发展目标。在2018年全国两会上，“发展工业互联网平台”也第一次明确写入了政府工作报告。对于智能制造和智能物流系统的推广提供了更大的便利和政策红利，智能物流系统的数据价值也将得到体现。

五、行业未来发展所面临的风险

1.物流信息的可靠性

如何获得真实可靠的信息是智慧物流发展面临的首个难题。信息是智慧物流发展的核心资源，但有些企业对信息的采集和处理不够重视，特别是现阶段许多物流企业采取的是加盟制，总部对加盟商的管理能力相对较弱，部分加盟商为了减少工作量、降低成本而不建立客户信息资料库，导致大量信息资源没有被开发。

与此同时，由于加盟商与总部没有共同的利益诉求，一些加盟商不会将真实的统计信息上报，这就会导致统计结果出现偏差，最终搜集到的物流数据不够真实，即使再好的分析算法也不会得到有意义的分析结果，从而制约了物流企业的发展。

2.基础设施和技术人才不足

虽然物流业最近几年发展迅速，但相比于国外企业，还是存在基础设施和人才不足的问题。

在人均物流面积方面，中国人均物流仓储面积不足美国的1/10，差距较大；中国现有超过5亿平方米的物流仓储设施，但其中大多数建设水平较低，其中达到国际标准的不足1 000万平方米。

智慧物流的发展需要复合型物流人才，不仅要精通传统的物流领域的知识，也要适应智慧物流的发展，具备大数据、信息化等知识，然而事实上许多企业在这方面的人才非常缺失。

3.用户个人隐私保护问题

智慧物流的发展离不开大数据的支持，在应用数据的同时不可避免地会面临用户个人隐私保护的问题。互联网公司泄露用户个人隐私的事件屡见不鲜，如何避免用户个人隐私泄露是智慧物流发展过程中一个必须要考虑的问题。

圆通速递曾在国家邮政局指导下率先研发并推出“隐形面单”，这种面单采用技术手段隐藏了用户的敏感信息，如地址、电话号码等，在一定程度上保护了用户的个人信息；顺丰速运手持终端推出具有“一键呼叫”功能联系用户的隐私保密技术。总之，各大物流企业正着力发展隐私保密技术，尽可能地防止用户隐私泄露。

六、无人配送与智能物流机器人

物流机器人是指应用于仓库、分拣中心，以及运输途中等场景，进行货物转移、搬运等操作的机器人。随着物流市场的快速发展，物流机器人的应用加速普及。

在不同的应用场景下，物流机器人可以分为AGV机器人、分拣机器人、码垛机器人以及配送过程的无人车和无人机。其中AGV是一种移动运输设备，主要用于货物的搬运和移动，目前广泛应用在工厂内部工序间的搬运环节以及港口的集装箱自动搬运；分拣机器人通过传感器、图像识别等系统和多功能机械手等设备实现货物的快速分拣；码垛机器人用于纸箱、袋装、罐装、箱体等各种形状的包装物品码垛，包括直角坐标机器人、关节式机器人等。

无人配送依托于智慧城市的数字化、基础建设的智能化，特别是人居空间场景的智能化。这意味着无人配送需要大数据、人工智能、物联网、车联网、5G等前沿技术保障，还需要良好的基础设施保障。智能物流机器人的背后，是一个个打通的商业平台和生态圈，将传统生活服务变得更智能，以新的产品和服务模式，满足用户需求。

所以，社区、园区、景区的智能化，可以承载无人配送从产品到解决方案的落地。

智能机器人已被看作智慧城市生活领域的创新型基础设施。2019年的国内机器人市场，服务机器人占比已经达到25 %；随着新基建全面铺开，服务机器人的市场比例将不断上升，促进创新型基础设施和技术、服务无缝对接，带来多个场景下的生活服务智能化体验。

因此，智能物流机器人是智慧社区规模化落地的典型产品，也是社区居民的刚需。国际机器人联合会（IFR）发布的2018度《世界机器人报告》显示，2018年全球机器人年销售额为165亿美元，中国占据了最大市场份额。

行业的发展离不开政策的支持。我国在“十三五”对智能制造高度重视，2017年6月工信部主导“仓储机器人及智能产业联盟”正式成立，此后一系列物流领域的相关政策频繁落地。

2018年以来，国务院《关于推进电子商务与快递物流协同发展的意见》、财政部《关于开展2018年流通领域现代化供应链体系建设的通知》、国家发改委《关于推动物流高质量发展促进形成强大国内市场的通知》等政策文件都表明国家鼓励物流企业积极采用机器人、无人机、无人车等先进技术装备，实现快件自动分拨和快速转运，全面提升仓储、运输、配送等环节的作业效率。

没有机动车辆的轰鸣，没有工作人员的频繁走动，只看到自动导引车快速移动、码垛机器人在举重若轻地搬运货物、无人车和无人机完成“最后一公里”的配送——曾经想象中的“智慧物流”已经开始慢慢渗透于人们的日常生活。

第二节 机器人与智能家居

智能家居是在互联网影响之下物联化的体现。智能家居通过物联网技术将家中的各种设备（如音视频设备、照明系统、窗帘控制、空调控制、安防系统、数字影院系统、影音服务器、影柜系统、网络家电等）连接到一起，提供家电控制、照明控制、电话远程控制、室内外遥控、防盗报警、环境监测、暖通控制、红外转发以及可编程定时控制等多种功能和手段。与普通家居相比，智能家居不仅具有传统的居住功能，兼备建筑、网络通信、信息家电、设备自动化，提供全方位的信息交互功能，甚至为各种能源费用节约资金。

智能家居的概念起源很早，但一直未有具体的建筑案例出现，直到1984年美国联合科技公司（United Technologies Building System）将建筑设备信息化、整合化概念应用于美国康涅狄格州（Connecticut）哈特佛市（Hartford）的City Place Building（都市办公大楼）项目时，才出现了首栋的“智能型建筑”，从此揭开了全世界争相建造智能家居派的序幕。

一、智能家居的基本分类

1.家庭自动化

家庭自动化系统指利用微处理电子技术，来集成或控制家中的电子电器产品或系统，例如照明灯、咖啡炉、电脑设备、保安系统、暖气及冷气系统、视讯及音响系统等。家庭自动化系统主要是以一个中央微处理机接收来自相关电子电器产品（外界环境因素的变化，如太阳初升或西落等所造成的光线变化等）的讯息后，再以既定的程序发送适当的信息给其他电子电器产品。中央微处理机必须透过许多界面来控制家中的电器产品，这些界面可以是键盘，也可以是触摸式荧幕、按钮、电脑、电话机、遥控器等；消费者可以发送信号至中央微处理机，或接收来自中央微处理机的讯号。

家庭自动化是智能家居的一个重要系统，在智能家居刚出现时，家庭自动化甚至就等同于智能家居，它仍是智能家居的核心之一，但随着网络技术有智能家居的普遍应用，网络家电、信息家电的成熟，家庭自动化的许多产品功能将融入到这些新产品中去，从而使单纯的家庭自动化产品在系统设计中越来越少，其核心地位也将被家庭网络、家庭信息系统所代替。它将作为家庭网络中的控制网络部分在智能家居中发挥作用。

2.家庭网络

首先要把这个家庭网络和纯粹的“家庭局域网”分开来，它是指连接家庭里的PC、各种外设及与因特网互联的网络系统，它只是家庭网络的一个组成部分。家庭网络是在家庭范围内（可扩展至邻居，小区）将PC、家电、安全系统、照明系统和广域网相连接的一种新技术。当前在家庭网络所采用的连接技术可以分为“有线”和“无线”两大类。有线方案主要包括双绞线或同轴电缆连接、电话线连接、电力线连接等；无线方案主要包括红外线连接、无线电连接、基于RF技术的连接和基于PC的无线连接等。

家庭网络相比起传统的办公网络来说，加入了很多家庭应用产品和系统，如家电设备、照明系统，因此，相应技术标准也错综复杂。

3.网络家电

网络家电是将普通家用电器利用数字技术、网络技术及智能控制技术设计改进的新型家电产品。网络家电可以实现互联组成一个家庭内部网络，同时这个家庭网络又可以与外部互联网相连接。可见，网络家电技术包括两个层面。第一个层面是家电之间的互联问题，也就是使不同家电之间能够互相识别，协同工作；第二个层面是解决家电网络与外部网络的通信，使家庭中的家电网络真正成为外部网络的延伸。

要实现家电间互联和信息交换，就需要解决以下两个问题。（1）描述家电的工作特性的产品模型，使得数据的交换具有特定含义；（2）信息传输的网络媒介。在解决网络媒介这一难点中，可选择的方案有：电力线、无线射频、双绞线、同轴电缆、红外线、光纤。认为比较可行的网络家电包括网络冰箱、空调、洗衣机、热水器、微波炉、炊具等。网络家电未来的方向也是充分融合到家庭网络中去。

4.信息家电

信息家电应该是一种价格低廉、操作简便、实用性强、带有PC主要功能的家电产品。利用电脑、电信和电子技术与传统家电（包括白色家电——电冰箱、洗衣机、微波炉等；黑色家电——电视机、录像机、音响、VCD、DVD等）相结合的创新产品，是为数字化与网络技术更广泛地深入家庭生活而设计的新型家用电器，信息家电包括PC、机顶盒、HPC、超级VCD、无线数据通信设备、WEBTV、INTERNET电话等，所有能够通过网络系统交互信息的家电产品，都可以称之为信息家电。音频、视频和通信设备是信息家电的主要组成部分。在传统家电的基础上，将信息技术融入传统的家电当中，使其功能更加强大，使用更加简单、方便和实用，为家庭生活创造更高品质的生活环境。比如模拟电视发展成数字电视，VCD变成DVD，电冰箱、洗衣机、微波炉等也将会变成数字化、网络化、智能化的信息家电。

从广义的分类来看，信息家电产品实际上包含了网络家电产品，但如果从狭义来界定，我们可以这样做一个简单分类：信息家电更多的指带有嵌入式处理器的小型家用（个人用）信息设备，它的基本特征是与网络（主要指互联网）相连而有一些具体功能，可以是成套产品，也可以是一个辅助配件。而网络家电则指一个具有网络操作功能的家电类产品，这种家电可以理解是我们原来普通家电产品的升级。

二、智能家居的发展历程

智能家居作为一个新生产业，处于一个导入期与成长期的临界点，市场消费观念还未形成，但随着智能家居市场推广普及的进一步落实，培养起消费者的使用习惯，智能家居市场的消费潜力必然是巨大的，产业前景光明。智能家居在中国的发展经历的四个阶段，分别是萌芽期、开创期、徘徊期、融合演变期。

1.萌芽期

1994～1999年是智能家居第一个发展阶段，整个行业还处在一个概念熟悉、产品认知的阶段，这时没有出现专业的智能家居生产厂商，只有深圳有一两家从事美国X-10智能家居代理销售的公司从事进口零售业务，产品多销售给居住国内的欧美用户。

2.开创期

2000～2005年我国先后成立了五十多家智能家居研发生产企业，主要集中在深圳、上海、天津、北京、杭州、厦门等地。智能家居的市场营销、技术培训体系逐渐完善起来，此阶段，国外智能家居产品基本没有进入国内市场。

3.徘徊期

2006～2010年是徘徊期。2005年以后，由于上一阶段智能家居企业的野蛮成长和恶性竞争，给智能家居行业带来了极大的负面影响，包括过分夸大智能家居的功能而实际上无法达到这个效果，厂商只顾发展代理商，却忽略了对代理商的培训和扶持，导致代理商经营困难、产品不稳定导致用户高投诉率。行业用户、媒体开始质疑智能家居的实际效果，由原来的鼓吹变得谨慎，市场销售也连续几年增长减缓，甚至部分区域出现了销售额下降的现象。2005～2007年，大约有二十多家智能家居生产企业退出了这一市场，各地代理商结业转行的也不在少数。许多坚持下来的智能家居企业，在这几年也经历了缩减规模的痛苦。正在这一时期，国外的智能家居品牌却暗中布局进入了中国市场，而活跃在市场上的国外主要智能家居品牌都是这一时期进入中国市场的，如罗格朗、霍尼韦尔、施耐德、Control4等。国内部分存活下来的企业也逐渐找到自己的发展方向，例如天津瑞朗、青岛爱尔豪斯、海尔、科道等，深圳索科特做了空调远程控制，成为工业智控的厂家。

4.融合演变期

2011～2020年是融合演变期。进入2011年以来，市场明显看到了增长的势头，而且大的行业背景是房地产受到调控。智能家居的放量增长说明智能家居行业进入了一个拐点，由徘徊期进入了新一轮的融合演变期。接下来的三到五年，智能家居一方面进入一个相对快速的发展阶段，另一方面协议与技术标准开始主动互通和融合，行业并购现象开始出现甚至成为主流。

接下来的五到十年，将是智能家居行业发展极为快速，但也是最不可捉摸的时期，由于住宅家庭成为各行业争夺的焦点市场，智能家居作为一个承接平台成为各方力量首先争夺的目标。但不管如何发展，这个阶段国内会诞生多家年销售额上百亿元的智能家居企业 。

5.爆发期

2020年以后各大厂商已开始密集布局智能家居，尽管从产业整体来看，还没有特别成功、能代表整个行业的案例显现，这标志着行业发展仍处于探索阶段，但越来越多的厂商开始介入和参与已使得外界意识到，智能家居未来已不可逆转，智能家居企业如何发展自身优势和其他领域的资源整合，成为企业乃至行业的“站稳”要素。

三、影响智能家居发展的因素

1.COVID-19 影响分析

由于 COVID-19 的全球大流行，越来越多的人开始待在家里并改变了他们的生活环境，从而采用了物联网技术。居家指令改变了人们在家中互动的方式，促使他们重新安排自己的生活空间以满足新的功能需求，例如在家工作和学习、设置家庭健身房以及发现新的方式放松和享受他们自己。

2.市场增长因素

对节约用电和减少碳排放的需求日益增长，推动了智能家居设备市场的发展。传统设备一直在消耗电力，直到它们被关闭。然而智能家居设备配备了运动传感器，可以在指定的时间段内感应到房间内无人，并自动关闭，从而节省金钱和能源。

随着客户对可视门铃、语音辅助设备和安全系统的偏好不断增长，智能家居设备市场预计将出现增长。由于互联网在大众中的普及，智能手机的日益普及是消费者接受物联网的主要因素之一。由于连接互联网的智能设备的广泛使用，整个物联网市场正在逐渐增长。

四、智能家居与智能机器人

随着现代生活节奏的加快和中国老龄化社会的到来，服务机器人的市场需求日益增加，智能机器人不仅在照顾老年人及残疾人方面扮演着重要的角色，同时对普通人生活品质的持续提升也起到了积极的作用。得益于计算处理、人工智能、传感器、互联网等技术的快速发展，服务机器人在近年已进入快速发展阶段。服务机器人技术作为缓解社会压力、推动民生科技的关键技术已成为科技发展的一个热点。随着诸如家庭服务机器人、酒店服务机器人等面向不同应用场所的服务机器人形态的日益丰富，服务机器人作为一种集成多种机器人技术的产业化成果，具有极其广阔的市场空间和实际应用价值。

随着服务机器人逐渐走进家庭，成为智能家居的一部分，智能家居、智慧生活会成为一种未来的生活方式。利用计算机、通信与网络、控制等技术，将家庭中的电器、传感器等设备通过家庭网络联系在一起进行统一管理，实现住宅智能化，从而为用户提供安全舒适的家居环境。因此，面向智能家居、智慧生活的服务机器人技术与系统，不但逐渐变成了新技术挑战下的热点问题，而且将是不可或缺的基本建设。

（一）什么是智能家居机器人

智能手机、智能手表、智能牙刷、智能汽车——如今几乎所有的东西都融合了智能和智慧。这些智能小玩意越来越吸引和刺激“千禧一代”，考虑到他们的兴奋和整体市场需求，一些大公司正在大力投资开发智能互联产品。

智能有很多种方式，智能设备可以帮助您远程控制事物，与您聊天，或者由自动运行代码来执行某些任务。迄今为止，我们已经看到了拥有人工智能功能的虚拟助手是如何帮助我们开展日常活动的，比如安排会议、在特定时间打电话给别人、预订电影票等。但是，人工智能预测我们的期望和满足我们需求的能力在很大程度上仍然还没有实现。我们也听到了很多新闻，这些新闻展示了这些虚拟助手失败的例子。由于这些不利因素，智能家居的潜力还没有真正实现。智能家居，作为一个更广泛的概念，它需要一个真正的利基助手，能够无缝和准确地处理每一个家庭任务。不过，随着智能家居机器人的出现，这一缺口将会被填补。那么，什么是智能家居机器人？

随着图像处理、语音处理、传感器技术、自动控制及计算机处理能力、无线网络技术、互联网技术的发展，目前机器人已经进入了智能机器人的时代。

智能机器人的主要功能包括自主移动能力、避障能力、人脸记忆与识别能力、运动检测能力、语音交互能力，皮肤感知能力、声音监测与定位能力、网络通信能力等。这些丰富的智能化的功能，将使得智能机器人与人之间的交互变得更加方便，为人类提供的服务将更加丰富。

当将机器人技术引入到智能家居系统中时，可以与智能中心进行通信，将极大地改变和提高智能家居系统在集中控制能力、交互手段、交互智能性和控制成本叠加方面的能力。

首先，机器人可作为家庭中的小管家随时待命，用户可以通过丰富的语音命令，直接向机器人下达指令控制家居系统运转。即便用户刚刚回到家里，手中没有智能系统的遥控器，则依然可以向机器人说出指令，完成系统的控制。同样，当用户预先设定的关灯指令到达时，机器人小管家则会首先询问用户是否要关闭灯光，当机器人小管家得到肯定的答复后，才会控制智能家居系统关闭灯光，否则将不再关闭灯光。

通过一些必要的设置，机器人可以随时向用户提供诸如天气预报、新闻、股票、用户手机话费等信息，并通过机器人自身强大的语音能力将文字读出，甚至可以做到与智能家居系统高度整合，通过智能家居系统获取水、电、天然气的实际使用信息，提前给用户警示。

其次，机器人强大的行走能力。例如，机器人通过自身的移动行走能力，使得用户可以远程控制机器人在家中巡视，用户可通过机器人自身的摄像头观察到家中的全部情况。这样在机器人身上的摄像头则代替了用户家中每个房间的固定位置的摄像头。同样，每个房间的音响也可以被机器人上的一套设备所替代。机器人通过替代成本的方式大大降低了智能家居系统的成本。

简单来说，智能家居机器人是智能家庭的私人助理，它可以有效地管理家务，而无须主人亲自动手。利用人工智能和自然语言处理能力，家庭机器人将能够分析主人的需求，并提供所需的帮助。一旦所有的家庭成员都与智能家居机器人建立连接，那么家庭成员就可以与智能助理进行交谈，以获得有关家庭电器的任何信息。不仅仅是电器信息，家庭机器人也可以提供房子的安全和维护信息。有了家庭机器人，上班族照顾年迈父母和顽皮孩子所面临的共同问题也将被消除。通过从家中不同位置传感器搜集的信息，机器人将分析情况，并在紧急情况下通知主人。此外，对于像“谁在家”这样的问题，机器人可以实时发送图像给主人。

（二）智能家居机器人发展现状

1.作为智能家居的一环，机器人品种多样

按照性能，机器人可以分为三类：工业机器人、服务机器人和特种机器人。其中，服务机器人又可细分为个人、家用机器人和服务机器人，而在智能家居生态圈之中，我们所提及的机器人则为前一类。目前，随着家庭的需求以及技术的先进，机器人早已走进了千家万户，按照功能划分，它们主要为四种类型。（1）家务机器人，此类机器人最主要的功能就是做家务。在这方面，最典型、覆盖范围最广的就是扫地机器人，比如科沃斯的朵朵、极思维的守护者等。另外，还有一些没量产的家务机器人，像Moley公司高达62万元的厨房机器人，Boston Dynamics公司的四足机器人Spotmini等。（2）娱乐休闲机器人，从当前智能家居的机器人市场来看，娱乐休闲机器人的参与者是最多的。在娱乐休闲上，机器人承担的主要为陪护作用，比如公子小白、YOBY、小优等机器人。（3）安防监控机器人，该类型的机器人与上面的机器人也有着一些重合之处。机器人都会时刻关注家里的安全，除了发送实时画面，还会进行预警等，可以起到很好的安防监控作用。还有一些专职安防监控的机器人，比如机器人Riley等。（4）残疾辅助机器人，这类机器人的主要服务对象为行动不便之人，分为外骨骼机器人等辅助类机器人和站立式机器人。在一些养老医疗机构，有一些机器人已经投入了使用，而在家庭中普及率还比较低。

2.性能上，机器人将担任“管家”角色

观看《钢铁侠》的时候，除了Robert Downey Jr以及精彩炫酷的打斗场景，其中的人工智能也让人们为之着迷，尤其是AI管家贾维斯（Just A Rather Very Intelligent System，简称J.A.R.V.I.S.）。在现实生活中，Facebook的扎克伯格（Mark Elliot Zuckerberg）也打造了一个类似于贾维斯的AI管家。相对于贾维斯这类只拥有眼睛、嘴和大脑的AI系统，机器人更具有实用性，除了可以数据分析、家电控制和语音交互，它还可以贴身服务。

对于机器人的功能，极思维的运营经理孙昭称机器人首要责任就是满足人们的基本需求，而在清洁家庭、感情陪伴等之外，机器人要能够将家庭情况信息按时反馈给消费者，并给予改善建议。另外，游尔机器人科技的CEO孔祥战表示，机器人就是一个平台型的产品，人们可以在上面实现各种功能，或是加入各种功能模块，这是令它成为智能家居入口级产品的特点。而在未来，机器人更多的是担当一个智能管家、智能助手的存在。

目前，在语音识别、图像识别等技术上，不少研究团队已经得到了相当不错的成绩，效果几乎可以媲美人类。但是，由于某些技术、环境的限制，当前的机器人还处于一个低智能化阶段，并没有具备成为一个管家所应该拥有的资质与能力。

3.控制上，机器人与APP并行

在谷歌继亚马孙之后发布智能家居音箱控制中心之时，关于“智能音箱是智能家居唯一入口”的言论甚嚣尘上，而在这种氛围之中还有另外一种言论，表示机器人是智能家居的最后一把钥匙。鉴于当前人们的行为习惯，不管是把控制中心集成于手机APP、智能音箱或是机器人，只要是单独存在的，其势必就不能全面满足用户的需求。正如公子小白机器人的CEO邱楠表示的，在智能家居中，机器人和手机APP是一种并行的关系，两者的功能在很大程度上是重合的，覆盖不同年龄层的用户。孔祥战还称，机器人作为一个控制中心，它必然与手机这种方便携带的智能产品相连，这样才能够实现它最大的价值。

在智能家居之中，亚马孙的Echo是目前最为先进的智能家居产品，但是它依然有着自己的短板——室外无法控制。在系统控制的室内，借助于人工智能语音助理Alexa以及平台上的第三方服务商，使用者可以打车、购物、控制家电等，但走到室外，Echo就没有了用武之地。

（三）智能家居机器人的用途

1.用户的“管家”

通过语音识别、图像识别等相关技术，将智能家居机器人与智能主机网络联动起来，用户通过语音对智能家居机器人下达命令，通过联动作用，从而控制家中各种设备。以智能家居机器人为平台，装置安防、空调、影音、灯光、窗帘等智能家居产品综合控制的管理系统，用简单易操作的方式实现家庭设备互联，达到“物与物”“人与物”之间的信息交互，进而实现家庭设备控制智能化。

2.实现家庭安防作用

智能家居机器人系统具备强大的全方位立体安全、防盗功能。气体、烟雾监测系统发现相关数值超标将自动发出警报。非法开门进入将自动锁死并报警，翻窗窗户会自动关闭并报警，室内有红外监测报警，多重防护让用户白天上班放心、晚上睡觉安心。

3.智能家居机器人可以帮助父母教育孩子

智能家居机器人不仅能够让幼儿获取科学知识，激发幼儿科学智趣和探究欲望，培养科学探索能力，还会通过环境创设模拟和互动游戏，为幼儿提供适应的环境和刺激，让幼儿发现问题、独立探究，帮助孩子在生活中随时随地研究他们所关心的自然事物和现象，适当引导、贴身解答，随时科学地解释孩子遇到的疑问，让孩子养成爱观察、爱提问、爱思考、爱探究的好习惯。

4.看护老人

智能家居机器人可以实时查看家中情况，针对孤寡空巢老人可在任何时间、任何地点检查其在家中的状态，进行安全看护。同时更可作为家人远距离沟通工具，在任何时间面对面联系，在被看护老人发生意外或紧急情况下，第一时间发出警报。智能家居机器人的功能不仅只有这些，更多的功能需要在日常生活中去发现。

五、中国智能家居机器人实例——塔米

作为中国第一款商业化、产品化的高性能智能机器人，智能型机器人塔

米集成了中文语音识别、语音合成、图像识别、互联网技术、人工智能、自动控制等多种先进技术。它不仅仅能实现人类的听、说、读、看、行走等功能，还能感知人类皮肤的接触，声音源自动定位，通过互联网永远在线通信，以及多台机器人协同工作等先进技术能力。

塔米型智能机器人是基于塔米平台开发的智能家居的专业版。它具备了本文中所述的机器人在智能家居中的所有应用功能，强大的语音交互能力，使得用户可以方便地和它进行各种交互和控制。精准的位置定位，避障和行走能力，使得机器人可以在家中自主的移动进行视频监控，丰富智能家居系统的安防系统。具备强大网络能力的它，可以很方便地成为家庭的信息中心，不仅仅获取天气预报等信息，还可以提醒用户信息、手机话费信息。通过标准协议可以获取智能家居系统中水、电、天然气的使用情况，提前示警。

塔米更加突出人性化设计，设计者希望智能机器人能真正成为家庭中的一员。塔米具有很高的智能性，能像人一样自由说话，能听懂多个中文句子，通过“眼睛”可以识别主人和物体并说出他们的名字，能够自动绕开障碍物自由行走，“饥饿”的时候自动回去充电，更有意思的是，塔米机器人还具有开心、生气、愤怒等不同的情绪特征，开心的时候能吹着口哨散步，生气的时候很多“指令”都装作听不懂，直到你哄他高兴了为止。

除此之外，塔米智能机器人可以提供传统智能家居之外更多的功能。（1）家庭的安全卫士。设置好监视点后，塔米智能机器人可以24小时在家中自动巡逻，像个卫兵一样保护家人的安全。当发现陌生人闯入时，会发出警报，并对陌生人拍照，以彩信的方式发送到主人的手机上，同时通过网络上传到服务器保存，以备查询。收到报警信息后，主人可以在任何地方通过计算机或手机连接到家中的塔米，遥控塔米在家里自由行走，实时查看家中变化。塔米还可以在家中指定地点录像或者边巡逻边录像，实时上传到网络上供主人查看。（2）老人看护功能。老人只要佩戴腕表式监测仪，塔米就可以24小时不休息的监测老人的血氧和脉搏变化，无论是日常活动还是睡眠休息，当老人身体出现异常时，塔米就会立刻赶到老人身边做出语音提醒，并给其家人发送报警短信，收到短信后，家人可以通过塔米与老人进行视频对话，及时做出处理。出差在外的时候，如果担心家中老人的健康，随时可以通过发送手机短信给塔米，查询老人最新的血氧和脉搏值。（3）儿童伴侣和教育。塔米能听懂多个句子，且可以用幽默个性的语言与家人聊天对话，可以识别物体和人像，并可以用中、英文念出物体名称和人的名字，孩子可以通过与机器人交互的方式学习。

智能机器人有强大的水平和垂直移动能力，人们可以远程控制智能机器人在家中巡视，并通过其深度摄像头观察到家中的全部情况。智能机器人能担当智能安防、家庭医生等重任。智能机器人既可给家庭带来欢乐，也可帮助做清扫、吸尘等家务活，及时发现盗窃和火灾并报警，为家庭提供安全保障。智能机器人还能担当家庭看护，照顾老人和小孩，并会与他们聊天，满足他们的精神需求。智能机器人不仅可以全天候监测家人的健康，甚至还能帮助遛狗。

通过更人性化的设计，智能机器人的“拟人”特长更突出，能像人一样自由说话，听懂简单的话句，通过“眼睛”识别主人和物体，自动绕开障碍物自由行走，“饥饿”的时候会自动回去充电。更有意思的是，智能机器人还有开心、生气、愤怒等不同的情绪特征，开心时吹口哨散步，生气时很多指令都装作听不懂，直到你哄它高兴了，才停止“任性”。智能机器人将成为智能家居的重要成员，给人们的家庭生活带来重大变化。

第三节　机器人与智慧城市

智慧城市是在新一代信息技术和知识经济加速发展的背景下，以互联网、物联网、电信网、广电网、无线宽带网等网络组合为基础，以信息技术高度集成、信息资源综合应用为主要特征，以智慧技术、智慧产业、智慧服务、智慧管理、智慧生活等为重要内容，致力于解决城市社会中人、政府、经济、文化、移动性、环境等关键问题的城市发展新模式。

一、从组织化视角认识智慧城市

1.作为智慧城市基础的数字城市

（1）数字化实现了数据的标准化

智慧城市之前有数字城市的口号，地理信息系统（GIS）是推动数字城市普及的重要力量，GIS将社会经济数据与地理数据结合起来大大增强数据信息价值，提示人们信息不仅存在数据中亦存在相互关系中。数字化实现了数据的标准化，为数据进一步存储、传递、搜索、再加工奠定基础，以数字化形式表达信息，提高了表达的精准度。

（2）数字技术实现数据处理的逻辑化

自动化设施处理信息有数字系统与模拟系统两种方式，数字系统很快处于绝对统治地位。因为模拟系统无法区别正常信号与干扰信号，无法排除运算过程中的误差积累，但数字电路能够抵抗噪声干扰不会积累处理误差，使得数字电路运算有着极高的可靠性，成为形式逻辑推理运算的可靠工具，使计算机程序可以像数学公式一样使用，这是数字计算机的极大优势。

（3）计算方法可移植可积累的重大意义

信息表达数字化加上计算机处理方法的逻辑化使数字化应用空间强大无比，数据可以共享复用，处理方法可积累、可移植、可集成和可复用，能够进一步组成非常复杂的大型系统，在计算机软件的宝库中有大量可利用的算法资源，模拟系统绝无这种优势，这也是高等院校自动化系统被计算机系取代的原因，数字化优势是数字城市智慧的核心。

2.互联网推动全球组织创新

（1）组织化是效率的主要来源

组织的优势使生物向更复杂的方向进化，更协调的经济组织会有更高的生产率，城市化提升社会生产力是因其合作分工更方便有效，组织化是国家竞争力的主要来源。

组织由连接形成，通过信息技术连接起来，信息技术是组织的黏合剂，以互联网为代表的技术大发展必将极大改变各行各业的组织状况。

（2）互联网推动全球组织化

互联网是全球组织化的巨大推动力，移动支付、网上购物、滴滴打车、位置导航皆拜互联网所赐，产业链全球化、服务外包都是借助互联网的优势实现的，毫无疑问，互联网是21世纪的全球经济大发展的核心推动力。

（3）智慧城市是全球组织创新的产物

一件能够得到各国重视的事情肯定有其必然性，互联网推动全球的组织化创新促进生产力大爆发。组织化包括技术的集成、技术与社会组织的创新组合，促成经济全球化、产业链全球化、生活消费全球化，智慧城市是网络服务型城市，它是社会技术经济组织化创新的自然成果。

二、智慧城市的发展阶段

智慧城市在中国的发展可以划分成四个阶段。

1.智慧城市1.0（2008～2012年）

2008年，IBM提出智慧地球概念，智慧城市进入萌芽期（或初步探索期）（智慧城市1.0），网络化、信息化是这个阶段智慧城市建设的首要任务，因此，也可称为“数字城市”阶段。

2.智慧城市2.0（2012～2016年）

智慧城市2.0主要以城市信息化基础设施建设、电子政务、信息惠民为主，形式上更多的是以碎片化方式推进，在顶层设计方面考虑得较少，可以看作是我国智慧城市建设发展的起步期（或探索期）。2012年，工信部发布了征求智慧城市评估指标体系意见的通知，同年，住建部正式发布了国家智慧城市试点工作通知和智慧城市试点指标体系，并先后公布上百个国家智慧城市试点城市。国家新型城镇化规划（2014~2020年）明确提出推动新型智慧城市建设。2013年，国家发改委等八个部门联合发布指导意见，明确提出到2020年我国将建成一批特色鲜明的智慧城市。智慧城市成为“十二五”时期我国城市发展的新主题。

3.智慧城市3.0（2016～2018年）

“十三五”时期开始探讨的新型智慧城市可以称为智慧城市3.0。随着

"创新、协调、绿色、开放、共享"发展理念的全面贯彻，城市被赋予了新的内涵，对智慧城市建设提出了新的要求。国家互联网信息办在全面调查和摸清全国智慧城市建设情况的基础上，面对智慧城市建设遇到的新挑战和新要求，提出了新型智慧城市的概念，并且牵头组织国家发改委等26个部委联合推动新型智慧城市建设。新型智慧城市是以为民服务全程全时、城市治理高效有序、数据开放共融共享、经济发展绿色开源、网络空间安全清朗为主要目标，通过体系规划、信息主导、改革创新，推进新一代信息技术与城市现代化深度融合、迭代演进，实现国家与城市协调发展。本阶段从城市系统性角度出发，在总体和各局部环节方面均取得了重大进展，但总的来看新型智慧城市建设整体仍处于起步阶段。

4.智慧城市4.0（2018年至今）

本阶段的智慧城市更加强调产业，特别是战略性新兴产业的重要性，也更加强调数字经济在城市转型升级及可持续发展中的核心作用，新一代信息技术与实体经济的加速融合将在智慧城市4.0中找到坚实落脚点，以尊重社会组成单元（个人、企业、政府机构等）发展需求为特点的分布式、个性化、高技术含量型创新正成为驱动城市发展的原始驱动力。进入2018年以来，随着国务院《新一代人工智能发展规划》（国发〔2017〕35号）的推进与实施，现阶段的智慧城市急需"智能＋"来进一步提升，我国智慧城市的发展迈进"AI＋智慧城市""人工智能城市"阶段，可以称之为智慧城市4.0，2018年是人工智能城市的历史元年。为此，我们提出了"人工智能城市"概念，这对中国智慧城市界来说，是继"新型智慧城市"概念之后，又一个里程碑意义的新概念，是基于工业4.0理念和新一代人工智能理论的智慧城市新载体。

智能系统在智慧城市中发挥着重要的技术支持作用，从信息的获取、处理、决策到控制等各方面，无处不蕴含着智能系统的概念。智能监控、智能机器人、智能交通、智能电网、智能楼宇等多方面、多功能、多层次的智能系统的交织构成了最终的智慧城市。

三、智慧城市中的应用机器人

1.替身机器人：开会不用跑外地

都市人出差的需要变得越来越频繁，这其中很多原因是到现场开会。差旅花费不少不说，更为宝贵的精力和时间，对于生活紧凑忙碌的现代人何其重要。此外，频繁地使用交通工具亦增加了城市的碳排放量。替身机器人的出现正是为了解决这个都市难题。

在智能城市中，使用者能随时随地透过互联网连接远程的替身机器人，并能控制它在当地自由走动，与人和物进行互动，从而达到足不出户犹如置身千里之外，对于生活忙碌或行动不便者特别适用。应用例子包括遥距聚会、会议、会诊、上学和巡察等，用途广泛。

香港中文大学的研究员表示，为增加使用者与受访者的临场感体验，除移动能力、声音和画面，替身机器人更拥有人类交流的特征，如面部表情及肢体动作等。而使用者只需透过直观的操控方法便能操控机器人，例如，操控系统直接检测使用者的身体动作，并在替身机器人上实现相对应的动作。

2.巡逻机器人：不睡觉的保安

巡逻机器人看起来像小汽车，但远不止于一部车。它是能够在小区或预设的区域内通过遥控或者自主方式完成巡视任务的机器人，工作人员从远程控制中心就能实现固定区域的巡视监控，从而实现小区的无人值守，提高巡视监控自动化程度。

该巡逻机器人以实现小区自主巡视监控为目的，在机器人技术基础上突出自主巡视功能。在自主状态下，机器人可以在预设的轨道上进行自主巡视，本体搭载两自由度可调焦红外夜视摄像机，配合单自由度机械臂可实现远距离任意角度视频监控，本体四周分别搭载广角夜视摄像头，可实现机器人周围全景监控；此外机器人配备高亮LED频闪警灯和高分贝声音报警器，语音对讲系统可实现机器人端和控制端远程双向对讲。远程控制箱实时监控机器人本体工作状态，并将监控视频记录存档，方便工作人员查看。

机器人采用效率较高的轮式结构，后轮单电机链条驱动，前轮独立悬架转向结构。该结构形式一方面保证机器人在行进转向的平稳性；另一方面使其有效利用电池能源，提高机器人续航能力。在控制形式上，机器人本体通过无线通信实现与控制箱的数据交互，本体主控单元将接收到的数据解析，并通过CAN总线实现对本体各个功能模块控制。

3.救援机器人：救人于水火

看救援机器人的外形就知道这是个“英雄”，它能在救援人员无法进入的危险环境下实施伤员搜寻、救助，环境状况探测以及对伤员、重物搬运、拖曳等救援任务，亦可对伤病人员在转移过程中实施搀扶、运送等。

该机器人总体结构为多自由度上体，配套摆臂履带行走机构，上体为仿人形结构，具有多自由度双手臂、旋转腰部、多自由度头部以及上体俯仰关节。下部为摆臂履带行走结构，内部为两条行走履带，四角为摆臂履带，其行走过程中可以实现重心高度调节，较大障碍物的攀越，其良好的地面适应性及通过性使得救援机器人可以到达更复杂环境下实施救援任务。

各关节控制采用总线方式控制，减少了电气连接，增强其可靠性。机器人操控方式为穿戴式随动控制系统，符合人机工程学原理，简单方便地实现了机器人所有关节的联动。机器人眼部内置红外线摄像头，可以实现夜间视频采集，同时还具备3D立体视觉，可以采集立体视频信息，帮助机器人操控人员更好地对复杂环境分析判断。

四、智慧城市对将来社会发展的重大影响

促进城市利用率的提高。智慧城市依托互联网技术，将数字化和城市管理相结合，促进了城市利用率的提高。其吸收了“数字城市”的经验，因而促进城市管理的智能化。另外，在智慧城市中，城市不是孤立存在的，会和其他城市进行合作，实现共同发展。智慧城市仍然需要政府的管理，能够发挥政府的监管职能。

促进新型产业兴起。智慧城市的理念冲击了传统工业，使得新兴产业兴起：绿色能源行业繁荣发展，因为在智慧城市中强调节能环保，采用绿色资源能减少能源浪费，提高能源利用率；智慧城市中应用广泛的物联网技术和通信

技术，也促进了有关行业，如互联网服务业的发展。

促进科技创新的发展。只有科学技术的进步才能促进新生事物的进一步发展，所以智慧城市的理念推广也必将促进科技创新的发展，促进专业技术人员不断推进互联网及其相关技术改革，另外，信息技术将得到长远发展。通常所说的信息技术由计算机和电子信息技术这两大类组成，而现代的信息技术有一个重要优势，即将上述两种技术结合，从而在智慧城市中实现用智能手段获得、分析、加工、处置相应的文字、声音、图像等其他载体所表示的信息。所以，由信息技术的发展，使得城市出现大规模集聚现象，人才、技术和政策等要素集中，因此，又推动了科技创新的发展。

促进城市生活更加美好。智慧城市的建成将导致居民和外来人口居住环境的提升。首先，环境质量将有很大的改善，人和自然和谐相处，生态系统更加稳定，城市具有可持续发展能力，因为智慧城市强调绿色环保，采用绿色能源。另外，城市发展环境也将得到改善。政治稳定、经济繁荣、文化绚烂等也会给城市居民带来更好的发展状况。公共服务设备和体系的完善，也给城市居民带来了更为广阔和自由的生活空间，智慧城市核心建设理念就是和谐，智慧城市的建设要求城市管理的和谐，要求城市居民之间相处的和谐，要求城市发展和环境发展之间的和谐。智慧城市会给人们带来更为享受的生活。

参考文献

[1] 郭彤颖，安东. 机器人学及其智能控制[M]. 北京：人民邮电出版社，2014（9）：213.

[2] 刘洪. 机器人技术基本原理[M]. 北京：冶金工业出版社，2002.

[3] 刘进长. 抓住时机 促成飞跃——我国机器人产业发展的若干思考[J]. 机器人技术与应用，2007（2）：7-9.

[4] 刘远江. 中国工业机器人市场调查[J]. 机器人技术与应用，2005（2）：24-26.

[5] 原魁. 工业机器人发展现状与趋势[J]. 现代零部件，2007（1）：34—38.

[6] 王金友. 中国工业机器人还有机会吗？[J]. 机器人技术与应用，2005（2）：6-7.

[7] 王田苗. 工业机器人发展思考[J]. 机器人技术与应用，2004（2）：1-4.

[8] 王田苗. 走向产业化的先进机器人技术[J]. 中国制造业信息化，2005（10）：24-25.

[9] 姚志良. 我国工业机器人发展的几点思考[J]. 机器人技术与应用，2005（3）：28-29.

[10] 王建彬. 智慧型机器人发展概况[J]. 机械工业，2006，280（7）：24-45.

[11] 阮晓钢，仇忠臣，关佳亮. 双足行走机器人发展现状及展望[J]. 机械工程师，2007（2）：17-19.

[12] 张炜. 从机器人热潮到机器人产业化的发展[J]. 机器人技术与应用，2007（1）：10-14.

[13] 张效祖. 工业机器人的现状与发展趋势[J]. 世界制造技术与装备市场，2004（5）：18-21.

[14] 田素博. 国内外农业机器人的研究进展[J]. 农业机械化与电气化，2007

(2): 3-5.

[15] 戴乃昌. 农业机器人的发展和应用初探[J]. 农机化研究, 2009, 31(2): 241-243.

[16] 崔勇. 农业机器人的研究与应用浅探[J]. 南方农机, 2008(1): 35-37.

[17] 胡桂仙, 于勇, 王俊. 农业机器人的开发与应用[J]. 中国农机化, 2002(5): 45-47.

[18] 汤修映, 张铁中. 果蔬收获机器人研究综述[J]. 机器人, 2005(1): 90-96.

[19] 方建军. 移动式采摘机器人研究现状与进展[J]. 农业工程学报, 2004(2): 273-278.

[20] 比尔·盖茨. 家家都有机器人[J]. 李良琦, 译. 机器人技术与应用, 2007(2): 10-16.

[21] 陈小莉. 工业机器人产业专利竞争态势[J]. 科学观察, 2016, 11(2): 12-23.

[22] 陈桂龙. 2016中国智慧城市发展趋势判断[J]. 中国建设信息化. 2015(23): 61-63.

[23] 王小红. 智慧城市理念与未来城市发展[J]. 科技创新与应用2016(13): 72.

[24] 姜山. 服务机器人[J]. 机器人技术与应用, 2004(2): 5.

[25] 李玉林, 崔振德, 张园, 李明福, 罗文杨等. 中国农业机器人的应用及发展现状[J]. 热带农业工程, 2014, 38(4): 30-33.

[26] 姬江涛, 郑治华, 杜蒙蒙, 贺智涛, 杜新武等. 农业机器人的发展现状及趋势[J]. 农机化研究, 2014, 36(2): 1-4; 9.

[27] 林欢, 许林云. 中国农业机器人发展及应用现状[J]. 浙江农业学报, 2015, 27(5): 865-871.

[28] 朱凤武, 于丰华, 邹丽娜, 岳仕达. 农业机器人研究现状及发展趋势[J]. 农业工程, 2013, 3(6): 10-13.